人民文学出版社
天天出版社

石

U0680894

国学里的中国

中国的智慧

历代家训

　　中国古代家庭内部对子女进行为人处世教育的各种文字记录，通常称为"家训"。家训是古人规范家人行为、处理家庭事务的准则，是先民留给我们的珍贵遗产，也是我国传统文化的重要组成部分。无论是鸿篇巨制、只言片语，还是口传心授、临终遗嘱，都可以作为家庭教育的思想结晶。

　　中国古代家训涉及励志、劝学、修身、处世、治家、慈孝、为政、婚恋等方面，涵盖熔铸道德人格、注重教子方法、培养淡泊襟怀、掌握接物之道、明确治学方法、针砭心理痼疾等功用，其中凝聚着丰富深刻的人生经验，对社会现实的客观评价，对人生目标的不倦追求，同时折射出父母望子成龙的殷切期待，对家庭幸福生活的渴望，对社会安定发展的关注，以及为国家、民族贡献才能的责任感和使命感。历史上许多人就是通过家训懂得如何做人，如何处世，如何治家，如何报国；懂得如何通过学习，明白事理，增长见识。

可以说，家训对家庭的安定幸福，社会的团结进步，国家的兴旺发达，都有着重要的关系。

当然，对于现代人来说，有些家训不免存在不合时宜之处，但作为传统文化的重要组成部分，家训在弘扬民族精神、建设社会主义精神文明中仍具有重要的现实意义。为此，我们从浩如烟海的古代家训中选出一部分思想性、艺术性较高的作品介绍给少年朋友。为了全面展示家训丰富的精神内涵，我们对本书进行了精心编排：每篇家训设有作者简介板块，便于了解作者生平和人生轨迹；原文采用大字注音，方便诵读；注释精准详尽，方便理解原文；译文简洁流畅，通俗易懂；评说总结家训精髓，加深主旨理解。尤其值得一提的是，多数家训作者附有古人画像，文中涉及典故、常识、时代背景等内容，还配有与之相符的原汁原味古代绘画，或反映当时生活情境的文物图片，以尽量还原家训所要表达的思想内涵。愿少年朋友徜徉于家训营造的至善至美境界中，在传统美德的沐浴下，不断进步！

目 录

西周凤纹方座簋

清康熙五彩
逐鹿中原图大棒
槌瓶

宋龙泉窑青釉琮式瓶

明万历青花五彩龙纹万寿大盘

明程君房制赤水珠纹墨

清雍正粉彩瓶花博古图将军罐

唐褐釉地三彩马

北宋大观通宝铜钱

清乾隆洋彩锦上添花玲珑胆瓶

诫伯禽

周公

周公，姓姬，名旦，西周初年政治家。周文王子，周武王弟。曾助武王灭商。武王死，成王年幼，由其摄政。后平定武庚与管叔、蔡叔、霍叔叛乱，大封诸侯，并营建东都雒邑。相传曾制礼作乐，建立典章制度，主张"明德慎罚"。

作者简介

清人绘周公画像

原文

成王封伯禽于鲁❶。周公诫之曰❷："往矣，子无以鲁国骄士❸。吾文王之子，武王之弟，成王之叔父也，又相天子❹，吾于天下亦不轻矣。然一沐三握发❺，一饭三吐哺❻，犹恐失天下之士。吾闻，德行宽裕，守之以恭者，荣；土地广大，守之以俭者，安；禄位尊盛，守之以卑者，贵；人众兵强，守之以畏者❼，胜；聪明睿智，守之以愚者，哲^❸；博闻强记，守之以浅者，智。
夫此六者，皆谦德也^❾。夫贵为天子，富有四
海，由此德也。不谦而失天下，亡其身者，
桀、纣是也^❿。可不慎欤？"

——《韩诗外传》

汉代画像石中的夏桀画像

译文

周成王将鲁国土地分封给伯禽。周公告诫儿子说："去了鲁国以后，不要怠慢士人。我是文王的儿子，武王的弟弟，成王的叔叔，又身兼辅佐国王的重任，在天下的地位也不算低了。可是，我洗一次

清刻本《钦定书经图说·大诰》插图《率众东征图》，讲述周公率众东征，平定武庚与三监叛乱，最终稳定周朝统治的故事

头要三次握住散开的头发；吃一顿饭，要三次停下来接待宾客，即使这样，还怕因怠慢而失去天下的人才。我听说，德行宽容，并以谦逊保有它，必会荣耀；土地辽阔，并以节俭保有它，必会安定；官职显赫，并以谦卑保有它，必会尊贵；人多兵强，并以威严保有它，必会胜利；聪明智慧，并以愚笨保有它，必会明智；博闻强记，并以浅陋保有它，必会聪慧。这六点，都是谦虚的美德。即使贵如天子，富有天下，也是因为拥有这些美德。因不谦虚而失去天下，进而导致国破身亡，桀、纣就是这样的例子。你能不谨慎吗？"

之平说

周公是西周初年的政治家，为西周王朝的巩固建有卓越功勋。周公担心儿子伯禽受封于鲁，难以胜任，便在儿子临行前提出这些忠告。他用自己虚心招纳贤士的事例告诫儿子不要怠慢士人，又以古人所言六种"谦德"说明谦虚的重要性，再用桀、纣失败的事例加以证明，通篇说理周密透彻，语重心长，体现了一个政治家父亲的良苦用心。

明金忠编《瑞世良英》插图，描绘周成王封伯禽为鲁公，告诫他要敬下顺德的场景

lín zhōng jiè zǐ
临 终 诫 子

孙叔敖

作者简介

孙叔敖，春秋时期楚国人。楚庄王时担任令尹，为政注重法治，任用贤能。邲之战，辅佐楚庄王大胜晋军。曾在期思、雩娄（今河南商城东）兴修水利工程。又传开凿芍陂（今安徽寿县安丰塘），蓄水灌田。生活俭朴，世称贤相。

东晋顾恺之绘《列女仁智图》中的孙叔敖及母亲画像

原文

wáng shuò fēng wǒ yǐ　　wú
王 数 封 我 矣 ❶，吾
bú shòu yě　　wǒ sǐ　wáng zé fēng
不 受 也。我 死，王 则 封
rǔ　　bì wú shòu lì dì　　chǔ
汝，必 无 受 利 地 ❷。楚
yuè zhī jiān yǒu qǐn qiū zhě　cǐ qí
越 之 间 有 寝 丘 者，此 其
dì bú lì ér míng è　　kě cháng
地 不 利 而 名 恶 ❸，可 长
yǒu zhě wéi cǐ yě
有 者 惟 此 也。

——《戒子通录》

孙叔敖心地善良，小时候就为他人着想。一次见到两头蛇，将其打死埋掉，以免它伤害别人。此图为明吕坤撰《闺范》卷四《孙叔敖母》插图，描绘孙叔敖打两头蛇的场景。

❶数：多次。❷利地：好的地方。❸恶：不吉利。

译
文

　　楚庄王多次要封土地给我，我都没有接受。我死以后，大王必然会封给你土地，你一定不要接受那些好的地方。楚国与越国之间有个叫寝丘的地方，那里的土地不好，名字也不吉利，能够长期拥有的唯有此地。

评说

　　孙叔敖死后，他的儿子靠打柴为生。楚庄王听了优孟的劝说，要以好地封给他的儿子，他的儿子因孙叔敖临终前的劝诫，拒绝接受好地，主动请求封给他土地贫瘠的寝丘。后来，许多人的封地都被楚王收了回去，只有孙叔敖的子孙能长久地保有那块封地。此事足见孙叔敖的远见卓识。

明刻本《列女传》中的楚孙叔敖母插图，描绘孙叔敖回家向母亲哭诉埋掉两头蛇的场景

遗命教子

史鰌

史鰌，字子鱼，春秋时期卫国大夫。曾为公孙文子谋避祸之计。以刚直不屈著称，曾以"尸谏"卫灵公进用贤者斥退不肖。

清人绘《历代名臣像解》中的史鰌画像

原文

wǒ jí sǐ　　zhì sāng yú běi táng
我即死，治丧于北堂。

wú bù néng jìn qú bó yù ér tuì mí zǐ
吾不能进蘧伯玉而退弥子

xiá❶ shì bù néng zhèng jūn yě shēng
瑕❶，是不能正君也。生

bù néng zhèng jūn zhě sǐ bù dāng chéng
不能正君者，死不当成

lǐ zhì shī běi táng yú wǒ zú yǐ
礼。置尸北堂，于我足矣。

——《新序·杂事》

清殿藏本蘧伯玉画像

注释

❶蘧伯玉：春秋时期卫国大夫。名瑗，谥成子。为孔子所敬慕之人，为人求

进甚急而善于改过，孔子赞誉其为"君子"。弥子瑕：春秋时期卫国大夫，卫灵公的宠臣。

我快要死了，我死后在北堂办理丧事。我不能举荐蘧伯玉这样的贤人，也不能屏退弥子瑕那样的小人，这是我不能辅佐国君改正错误。活着时不能辅佐国君改正错误，死后就不应当按照礼仪办理丧事。把我的尸体停在北堂上，对我来说已经足够了。

卫灵公执政时，喜欢奸谗之臣弥子瑕，蘧伯玉有德行而不被任用。史鳅多次进谏都没有成功，因此临死前对儿子说了这番话。史鳅死后，灵公去吊唁，见他的棺木放在北堂，十分奇怪。史鳅的儿子把父亲临终前说的这番话告诉灵公，灵公非常后悔，于是罢退弥子瑕，任用蘧伯玉，卫国逐渐兴盛起来。

明汪廷讷撰《人镜阳秋》插图《史鱼死谏》，描绘史鱼病危前仍不忘进谏卫灵公的场景

母训
mǔ xùn

孟轲母

作者简介

　　孟轲是战国时期思想家、教育家，其母仉（zhǎng）氏是中国古代教子有方贤母的典范，孟母三迁、孟母断机的故事一直流传到今天。

明刻本《列女传》
中的孟母画像

原文

mèng zǐ zhī shào yě　jì xué ér guī　mèng mǔ fāng zhī
孟子之少也❶，既学而归。孟母方织，

wèn xué suǒ zhì　mèng zǐ zì ruò　mèng mǔ yǐ dāo duàn qí zhī
问学所至，孟子自若❷。孟母以刀断其织，

mèng zǐ jù ér wèn qí gù　mǔ yuē　zǐ zhī fèi xué ruò wú duàn sī
孟子惧而问其故。母曰："子之废学若吾断斯

zhī yě　fú jūn zǐ xué yǐ lì míng　wèn zé guǎng zhī　jīn ér fèi
织也。夫君子学以立名，问则广知。今而废

zhī　shì bù miǎn yú sī yì ér wú yǐ lí yú huò huàn yě　mèng zǐ
之，是不免于厮役而无以离于祸患也。"孟子

jù　dàn xī qín xué bù xī　zǔ shī zǐ sī　suì chéng tiān xià zhī
惧，旦夕勤学不息，祖师子思❸，遂成天下之

míng rú
名儒。

——《列女传·母仪》

9

❶孟子：即孟轲（约前 372～前 289），字子舆，战国时思想家、教育家。师子思（孔伋），后世把他与孔子并称为"孔孟"。历游齐、宋、滕、魏等国，以"仁政""王道"政治主张游说诸侯，不被采纳。一度出仕为齐卿。后与弟子万章等作《孟子》七章，是儒家重要经典。❷自若：不以为然的样子。❸子思（前 483 年～前 402 年）：战国初哲学家，姓孔，名伋，孔子之孙。相传曾受业于曾子，"中庸"为其学说核心。孟子曾受业于他的门人，将其学说发挥，形成思孟学派。被后世尊为"述圣"。

译文

孟子年少时，在外求学归来。孟母正在织布，问孟子学习进展如何，孟子显出一副不以为然的样子。孟母用刀割断正在纺织的布，孟子害怕地问母亲为什么这样做。孟母说："你荒废学业，就像我割断正在纺织的布一样。君子总是以学习来显亲扬名，通过虚心求教获得广博的知识。你今天荒废学业，就不可避免地成为一个只会干粗活而供人役使的人，并且无法脱离灾难了。"孟子很恐惧，日夜不停地勤奋学习，师从子思，最终成为天下有名的学问家。

评说

孟母是中国古代教子有方的典范，通过亲身示范，说明人如果荒废学业，就像快要织好的布被剪断一样半途而废。只有通过学习，才能培养良好修养和品德。孟子谨遵母训，刻苦学习，最终学有所成。

清康涛绘《孟母断机教子图》

手敕太子
shǒu chì tài zǐ

刘邦

作者简介

刘邦（前256或前247～前195），字季，沛县（今属江苏）人，西汉王朝的建立者。曾任泗水亭长。陈胜起义时，起兵响应。后攻占咸阳，推翻秦朝统治。继而与项羽进行长达五年的楚汉战争，最终战胜项羽。在位期间，继承秦制，实行中央集权制度，重本抑末，轻徭薄赋，发展农业生产，打击商贾，使社会经济得以恢复和发展。

明人绘汉高祖刘邦画像

原文

吾遭乱世，当秦禁学❶，自喜，谓读书无益。洎践祚以来❷，时方省书❸，乃使人知作者之意。追思昔所行，多不是。

尧、舜不以天下与子而与他人❹，此非为不惜天下，但子不中立耳❺。人有好牛马尚惜，况天下耶？吾以尔是元子❻，早有立意，群臣咸称汝友四皓❼，吾所不能致，而为汝来，为可任大事也。今定汝为嗣❽。

11

吾生不学书⑨，但读书问字而遂知耳⑩。以此故不大工⑪，然亦足自辞解⑫。今视汝书，犹不如吾，汝可勤学习，每宜自书上疏⑬，勿使人也。

汝见萧、曹、张、陈诸公侯⑭，吾同时人，倍年于汝者⑮，皆拜，并语于汝诸弟。吾得疾遂困⑯，以如意母子相累⑰。其余诸儿，皆自足立，哀此儿犹小也。

——《全上古三代秦汉六朝文·全汉文》

注释

　　❶禁学：秦始皇焚书坑儒之事。❷泊：等到。践祚：帝王即位。践，登。祚，君位，国统。❸省：察看。❹尧、舜：古代传说中两位贤明君主，他们实行禅让制，把帝位传给贤人，不传给儿子。❺中立：符合立为帝的条件。中，符合。❻元子：嫡长子。❼四皓：秦末东园公、角里先生、绮里季和夏黄公避乱隐居商山（今陕西商县东），四人年皆八十余，须眉皓白，时人称"商山四皓"。高祖召，不应。后高祖欲废太子，吕后用留侯张良之计，迎四皓辅佐太子，遂使高祖终止废太子之议。❽嗣：继承人。❾学书：学习书法，练字。❿问字：向人请教。⓫工：精巧。⓬辞解：解说，辩解。⓭上疏：呈上的奏疏、奏议。⓮萧、曹、张、陈：萧何、曹参、张良、陈平，四人都是西汉的功臣元老。⓯倍年：年龄超过一倍。⓰困：穷尽，这里指生命垂危。⓱如意母子：刘邦宠妾戚夫人和赵隐王如意，刘邦去世后，母子二人被吕后所害。相累：托付给你。

明刘俊绘《汉殿论功图》，此作取材于"汉殿论功"的历史典故。汉高祖刘邦初立，功臣在殿上争功邀赏，致拔剑砍殿柱。叔孙通乃说高祖召鲁地诸生，规定朝仪，高祖大喜，以为如此始知皇帝之尊我生逢乱世，正赶上秦始皇焚书坑儒，为此常常暗自高兴，认为读书没有什么用处。自从即位以后，才明白读书的重要，于是让别人讲解，得以知道作者的意图。追忆过去的所作所为，实在有很多错误的地方。

尧、舜不把天下交给儿子而禅让他人，并不是他们不爱惜天下，而是因为自己的儿子不适合继承王位罢了。人有好牛好马尚且爱惜，更何况是天下呢？因为你是嫡长子，我早有立你为继承人的意图，大臣们都称赞你与商山四皓关系友善，我不能召他们到身边效力，他们却能为你而来，因为你可以担当重任哪！现在就确定你为皇位继承人。

我平生没有专门学过书法，只是在读书请教时慢慢懂得一些，因此对书法不大精通，但还能够表达自己的意思。现在看你写字，还不如我，你要勤奋学习，每次上奏疏要自己书写，不要让他人代笔。

你见到萧何、曹参、张良、陈平几位公侯，我的同辈人，岁数比你大一倍的长者，都要依礼敬拜，也把这些话告诉你的弟弟们。

我得病以后生命垂危，特把如意母子托付给你照顾。其余几个儿子，都可以自立，只是可怜如意还小呢。

《手敕太子》是刘邦病危时确立刘盈为帝位继承人，并对其谆谆告诫和嘱托的遗训。刘邦毫不掩饰过去自喜读书无用且鄙视读书人的错误，并以尧、舜为例，以自己治理朝政的切身体会，告诫刘盈要任人唯贤，勤于读书习字，对开国功臣及年长者依礼敬拜，同时照顾好戚夫人及其年幼的儿子如意。敕书语言朴实，言简意深，语重情浓，在历代帝王敕书中别具特色。

明焦竑撰《养正图解》插图《教子勤学》，讲述汉高祖刘邦教育太子刘盈多读书的故事

jiè zǐ shū
诫子书（节录）

孔 臧

作者简介　　孔臧（约前201～前123），孔子第十一代孙，西汉经学家孔安国的堂兄。汉蓼侯孔藂之子，文帝时嗣封御史大夫，武帝时求为太常，待遇如同三公。

原文

qǐng lái wén rǔ yǔ zhū yǒu shēng jiǎng yì shū zhuàn
顷来闻汝与诸友生 讲肄《书》《传》❶，

zī zī zhòu yè　kàn kàn bú dài ❷　shàn yǐ　rén zhī jìn tuì
孜孜昼夜，衎衎不怠❷，善矣！人之进退，

wéi wèn qí zhì　qǔ bì yǐ jiàn　qín zé dé duō　shān liù zhì
惟问其志，取必以渐，勤则得多。山霤至

róu ❸　shí wéi zhī chuān　xiē chóng zhì ruò　mù wéi zhī bì ❹
柔❸，石为之穿；蝎虫至弱，木为之弊❹。

fú liù fēi shí zhī záo ❺　xiē fēi mù zhī zuàn ❻　rán ér néng yǐ
夫霤非石之凿❺，蝎非木之钻❻，然而能以

wēi cuì zhī xíng　xiàn jiān gāng zhī tǐ ❼　qǐ fēi jǐ jiàn zhī zhì hū
微脆之形，陷坚刚之体❼，岂非积渐之致乎？

xùn yuē　tú xué zhī zhī wèi kě duō　lǚ ér xíng zhī nǎi zú jiā
训曰："徒学知之未可多，履而行之乃足佳❽。"

gù xué zhě suǒ yǐ shì bǎi xíng yě
故学者所以饰百行也。

——《艺文类聚》

❶顷来：近来。《书》《传》：《尚书》《左传》，儒家经典。❷衎衎：快乐的样子。❸霤：本指屋檐下滴的水，此指山崖上滴的水。❹蝎虫：木中蠹虫。弊：毁坏。❺凿：凿子，打孔、挖槽的工具。❻钻：钻子，穿孔的工具。❼陷：攻破。❽履：鞋子，这里指亲自实践。

译文

近来，听说你和朋友们讲习《尚书》和《左传》，一天到晚孜孜不倦，乐无懈怠，这是非常好的事情！人的进退，关键看他的志向，学问的获得必须依靠不断积累，越勤奋获得的知识就越多。山间溪流再柔软不过了，却能把石头穿透；木中蠹虫再弱小不过了，却能把木头蛀坏。山间溪流不是能凿石头的凿子，木中蠹虫也不是能钻树木的钻子，然而它们却能凭借弱小的形体，攻破坚硬的东西，这难道不是日积月累慢慢达到的吗？古训曾经说："仅仅学而知之并不算好，能够亲自实践才值得称道。"这正是学者爱好各种实践的原因哪！

评说

本篇是孔臧写给儿子孔琳书信中的一段，论述了立志的重要性、循序渐进的必要性、日积月累的重要意义，以及身体力行的可贵之处。作者以溪水能把石头穿透、蠹虫能把木头蛀坏为例，比喻生动，说理透彻，言虽简而意深远，对后世影响颇大。

明吴伟绘《树下读书图》（局部）

命子迁
mìng zǐ qiān

司马谈

作者简介

司马谈（？～前110），夏阳（今陕西韩城）人。西汉史学家、思想家，司马迁之父，官至太史令。所著《论六家之要指》，推崇汉初黄老之说，总结当时流行的阴阳、儒、墨、名、法、道各派学说。曾据《国语》《世本》《战国策》《楚汉春秋》等书，撰写史籍，死后，由司马迁续成《史记》。

原文

余先周室之太史也❶。自上世尝显功名于虞、夏❷，典天官事❸。后世中衰，绝于予乎？汝复为太史，则续吾祖矣。今天子接千岁之统，封泰山❹，而予不得从行，是命也夫！命也夫！余死，汝必为太史；为太史，毋忘吾所欲论著矣。且夫孝始于事亲，中于事君，终于立身。扬名于后世，以显父母，此孝之大者。夫天下称诵周公，言其能论歌文、武

清人绘司马迁画像

之德^❺，宣周、召之风^❻，达太王、王季之思虑^❼，爰及公刘^❽，以尊后稷也^❾。幽、厉之后^❿，王道缺，礼乐衰，孔子修旧起废^⓫，论《诗》《书》，作《春秋》，则学者至今则之。自获麟以来四百有余岁^⓬，而诸侯相兼，史记放绝^⓭。今汉兴，海内一统，明主贤君忠臣死义之士，余为太史而弗论载，废天下之史文，余甚惧焉，汝其念哉！

——《史记·太史公自序》

注释

❶先：祖先。❷虞、夏：有虞氏之世和夏代。❸典天官：掌管天文历法。❹封泰山：到泰山去举行祭祀天地的典礼，即封禅之礼。❺论歌：论赞歌颂。文、武：周文王、周武王。周文王：商末周族领袖，曾被商纣囚于羑里。统治期间国势强盛，解决虞、芮两国争端，使其归附；后攻灭黎、邗、崇等国，建都丰邑。周武王：周文王之子，伐纣灭商，建立周朝，定都镐京。为孔子和儒家称赞的圣王之一。❻周、召：周公、召公，周初贤臣。❼太王：即古公亶父，周文王的祖父。初居豳地，为避戎狄之侵，迁居岐山之下，豳地百姓都追随他，定国号为周。到武王时，被追尊为太王。王季：周代先王，古公亶父幼子，文王之父。名季历。即位后继承太王遗道，商王文丁时受封为"牧师"，后为文丁所杀。❽公刘：周人祖先，为躲避戎狄骚扰，带领族人迁居于豳（今陕西旬邑西）。❾后稷：周族始祖，传说为有邰氏之女姜嫄踏巨人脚印怀孕而生。善于种植粮食作物，为舜的稷官，主管农事，教民耕种。❿幽、厉：周幽王、周厉王。周幽王烽火戏诸侯，引来杀身之祸。周厉王的"专利""弭谤"，引发国人暴动。⓫孔子（前551～前

479）：名丘，字仲尼，春秋末期思想家、政治家、教育家，儒家创始人。曾周游列国，晚年致力教育，整理《诗》《书》等古代文献，并把鲁史官所记《春秋》删修成中国第一部编年体史书。其学说以“仁”为核心，汉以后成为两千余年传统文化主流，影响极大。⓬获麟：春秋鲁哀公十四年（前481）猎获麒麟之事，相传孔子作《春秋》至此而辍笔。⓭放绝：丢散断绝。

译文

我们的祖先是周王室的太史官。远在上古虞、夏之世便显扬功名，掌管天文历法之事。后世衰落，今天会断绝在我手里吗？你继做太史，就会接续我们祖先的事业了。现在天子继承汉朝千年一统的大业，在泰山举行封禅典礼，而我不能随行，这是命中注定，命中注定啊！我死之后，你必定要做太史；做了太史，可不要忘记我生前想写史书的事啊！再说孝道始于奉养双亲，进而侍奉君主，最终归于立身处世。扬名后世，给父母增光添彩，这是最大的孝道。天下人称道歌颂周公，说他能够论赞歌颂文王、武王的功德，宣扬周公、召公的作风，通晓太王、王季的思想，乃至公刘的功绩，最后使祖先后稷得到尊敬。周幽王、厉王以后，王道废缺，礼乐衰颓，孔子研究整理旧有典籍，修复振兴废弃的礼乐，评说《诗经》《尚书》，写作《春秋》，学者至今以其为准则。从鲁哀公十四年获麟以来四百多年，诸侯相互兼并，史书丢失殆尽。如今汉朝兴起，国家统一，明主、贤君、忠臣、死义之士会集当代，我作为太史都未能予以评论记载，废弃天下的历史典籍，使我感到很不安，你可要时刻记在心上啊！

明人绘孔子为鲁司寇像

评说

司马迁在《报任安书》中，详细叙述了自己下狱受刑的经过，以及著书的内在动力。他之所以蒙受奇耻大辱，仍隐忍苟活，为的是完成父亲司马谈临终托付给他续写《史记》的重任。司马谈在遗训中用家世和孝道教导司马迁，勉励他一定要继承自己的著述事业，并用周公的“达孝”鞭策司马迁，同时阐明自己叙写史书的理想。司马迁接受父亲遗命，虽遭遇困难和重大挫折，仍鼓起勇气和信心，最终完成“究天人之际，通古今之变，成一家之言”的历史巨著《史记》。

诫子歆书
jiè zǐ xīn shū

刘 向

刘向（约前77～前6），字子政，沛（今江苏沛县）人。西汉经学家、目录学家、文学家，汉宗室楚元王刘交第四代孙，曾校阅群书，撰成《别录》，为中国目录学之祖。有《新序》《说苑》《列女传》等著作。其子刘歆（？～23），西汉末古文经学派的开创者，目录学家、天文学家。曾任黄门侍郎、中垒校尉。继承父业，总校群书，撰成《七略》。王莽执政，任"国师"。后因为密谋诛杀王莽，事情败露而自杀。

作者简介

清殿藏本刘向画像

原文

告歆无忽❶：若未有异德❷，蒙恩甚厚，将何以报？董生有云❸："吊者在门，贺者在闾❹。"言有忧则恐惧敬事❺，敬事则必有善功，而福至也。又曰："贺者在门，吊者在闾。"言受福则骄奢，骄奢则祸至，故吊随而来。齐顷公之始❻，藉霸者之余威，轻侮诸侯，

kuī qí jiǎn zhī róng
亏跛蹇之容❼，

gù bèi ān zhī huò
故被鞌之祸❽，

dùn fú ér wáng
遁服而亡❾，

suǒ
所

wèi
谓

hè zhě zài mén
"贺者在门，

diào zhě zài lǘ
吊者在闾"

yě
也。

bīng bài shī pò
兵败师破，

rén
人

jiē diào zhī
皆吊之，

kǒng jù zì xīn
恐惧自新，

bǎi xìng ài zhī
百姓爱之，

zhū hóu jiē guī qí suǒ
诸侯皆归其所

duó yì
夺邑，

suǒ wèi
所谓

diào zhě zài mén
"吊者在门，

hè zhě zài lǘ
贺者在闾"

yě
也。

jīn ruò
今若

nián shào
年少，

dé huáng mén shì láng
得黄门侍郎❿，

yào xiǎn chù yě
要显处也⓫。

xīn bài jiē
新拜皆

xiè
谢⓬，

guì rén kòu tóu
贵人叩头⓭，

jǐn zhàn zhàn lì lì
谨战战栗栗⓮，

nǎi kě bì miǎn
乃可必免。

——《艺文类聚》

注释

❶无忽：不可疏忽大意。❷若：你。异德：特异出众的德行。❸董生：即董仲舒（前179～前104），广川（今河北枣强）人。西汉哲学家、今文经学家。主张"罢黜百家，独尊儒术"，被汉武帝采纳，开此后两千年以儒学为正统的局面。❹吊者在门，贺者在闾：吊丧的人在家门口，贺喜的人在里巷头。❺敬事：恭敬从事。❻齐顷公：春秋时期齐国国君，齐桓公之孙，齐惠公之子。前598～前580在位。❼亏跛蹇之容：齐顷公七年（前592），晋国派跛子郤克出使齐国，齐顷公的母亲萧同叔子隔帷幕观看并讥笑他，郤克受辱，怀恨在心，回国后要求国君出兵攻齐。亏：嘲笑。跛蹇：跛足行走。❽被：遭遇。鞌之祸：即齐晋鞌之战，公元前589年，齐伐鲁、卫，晋派郤克出兵助战，两军在鞌（今山东济南）交战，齐军大败。❾遁服而亡：换衣逃亡。鞌之战，齐顷公遇险，幸亏大夫逢丑父机敏，与顷公调换衣服，顷公才得以脱险。❿黄门侍郎：汉代在黄闼（宫内小门）

清人绘董仲舒画像

21

内侍候皇帝，传达诏命的官员。⓫要显：显要。⓬新拜：新任职的官员。拜，古时用一定的礼节授予官职。⓭叩头：伏身跪拜，以头叩地。为古时最郑重的一种礼节。⓮谨：谨慎小心。战战栗栗：敬畏戒惧的样子。

译文

告诫刘歆不可疏忽大意：你没有什么特殊的才能，却蒙受如此丰厚的恩泽，将怎样去报答呢？董仲舒说过："吊丧的人在家门口，贺喜的人在里巷头。"意思是说，人具有忧患意识，就会心生恐惧而谨慎做事，谨慎做事必定产生好的效果，福气也就跟着来了。他又说："贺喜的人在家门口，吊丧的人在里巷头。"说的是有了福气就骄横奢侈，骄横奢侈便招来祸事，吊丧的也就随之而来。春秋时，齐顷公即位之始，借助齐桓公称霸的余威，轻视欺负其他诸侯，他的母亲嘲笑晋国使臣郤克跛脚，因此遭遇鞌之战的灾祸，齐国战败，齐顷公和别人交换衣服才得以脱身，这就是所说的"贺喜的人在家门口，吊丧的人在里巷头"。作战失败军队破散，人们都去慰问，他悔过自新，得到百姓拥护，诸侯也纷纷把侵占的土地归还，这就是所说的"吊丧的人在家门口，贺喜的人在里巷头"。如今你这样年轻，就得到黄门侍郎的官，这是显要的职位。新官初任，你要感谢贵人提携，向他们叩头致意，时刻谨慎小心，战战兢兢，才能避免灾祸。

清刻本《东周列国志》插图《逢丑父易服免君》，讲述鞌之战齐顷公遇险，与逢丑父调换衣服，才得以脱险的故事

评说

刘歆年纪轻轻就蒙受皇恩，任显要的黄门侍郎一职，父亲刘向对此不放心，于是写信进行告诫。其核心是要求儿子应具有敬畏之心而谨慎做事，切忌骄横奢侈，只有做到谨慎小心，战战兢兢，才能避免灾祸。刘向引用董仲舒的话，辩证地说明福祸可以相互转化的道理，又以齐顷公先败后成的事例作论据，很有说服力。

^{jiè xiōng zǐ yán dūn shū}

诫兄子严、敦书

马 援

马援（前14～49），字文渊，东汉扶风茂陵（今陕西兴平）人。王莽当政末期，为新成大尹（汉中太守）。后归附刘秀，任陇西太守。继任伏波将军，封新息侯。曾以男儿当"死于边野""马革裹尸"自誓，出征匈奴、乌桓，后在进击武陵五溪蛮时，病死军中。

清人绘马援画像

原文

吾欲汝曹闻人过失❶，如闻父母之名，耳可得闻，而口不可得言也。好论议人长短，妄是非正法❷，此吾所大恶也，宁死不愿闻子孙有此行也。汝曹知吾恶之甚矣，所以复言者，施衿结褵❸，申父母之戒，欲使汝曹不忘之耳。龙伯高敦厚周慎❹，口无择言❺，谦约节俭，廉公有威❻。吾爱之重之，愿汝曹效之。杜季良豪侠好义❼，忧人之忧，乐人之乐，清

浊无所失[8]，父丧致客[9]，数郡毕至。吾爱之
重之，不愿汝曹效也。效伯高不得，犹为谨
敕之士[10]，所谓刻鹄不成 尚类鹜者也[11]；效
季良不得，陷为天下轻薄子[12]，所谓画虎不成
反类狗者也。迄今季良 尚未可知，郡将下车
辄切齿[13]，州郡以为言[14]，吾常为寒心，是以
不愿子孙效也。

—— 《后汉书·马援传》

注释

❶汝曹：你们。❷妄：胡乱，随便。❸施衿结褵：古代女子出嫁，其母将五
彩丝带和佩巾结于其身，然后训诫。衿，彩色丝带。褵，出嫁所系佩巾。❹龙伯
高：名述，东汉京兆（今陕西西安）人，时任山都（今湖北襄阳西北）长。光武
帝看到这封信后，认为德高，将其升为零陵太守。敦
厚周慎：敦实厚道，周密谨慎。❺口无择言：说话不
需要选择言辞，因为所言皆遵法度。❻廉公有威：廉
洁奉公而有威严。❼杜季良：名保，东汉京兆（今陕
西西安）人，时任越骑司马。后有人上书光武帝，说
他"行为轻浮，乱群惑众"，因而被罢官。❽清浊
无所失：善恶皆与之交往。❾致客：邀请宾客。❿谨
敕：谨慎整饬，能约束自己言行。⓫刻鹄不成尚类
鹜：雕刻天鹅不成还能像鸭子。鹄，大鹅。鹜，鸭子。
⓬陷：沦为。⓭下车：官吏到任。切齿：痛恨。⓮以为
言：把他作为议论的对象。

汉青铜鸭形熏炉

我希望你们听到别人的过错时，就像听到自己父母的名字，耳朵可以听，但嘴里不可以说什么。喜欢议论别人长短，随意评判朝廷法度，这是我深恶痛绝的事，宁可死也不希望子孙有这种行为。你们知道我非常厌恶这种行径，但我还是再三强调，就像女儿出嫁前，陈述父母的告诫一样，目的就是让你们不要忘记了。

龙伯高为人敦厚，办事周密谨慎，说出的话没有什么可指责的，而且谦虚节俭，廉洁奉公，很有威望。我爱戴敬重他，希望你们向他学习。杜季良豪侠仗义，把别人的忧愁当作自己的忧愁，把别人的快乐当作自己的快乐，不论好人坏人都与他们结交，因父亲去世而邀请宾客，周围数郡都有朋友前来吊唁。我爱戴敬重他，但不希望你们向他学习。如果学不成龙伯高，仍不失为一个谦虚谨慎的人，正如人们所说的雕刻天鹅不成倒还像只野鸭一样；但如果学杜季良而不像，就会沦为天下轻佻浮薄之人，正如人们所说的画虎不成反倒像只狗一样。至今不知杜季良的结局会怎么样，但郡里官员到任后对他恨得咬牙切齿，郡中百姓也对他议论纷纷，我经常为此担心，因此不希望子孙向他学习。

清闵贞绘《虎图》

本文为马援南征交趾时写给其兄之子马严、马敦的信，针对侄子马严等喜欢评议时政、结交轻薄侠客等缺点进行批评教育。首先，指出论人长短、妄评朝政是自己最厌恶的事情，宁可死也不愿子孙有此行径，观点明确，态度坚决。其次，以当时龙伯高、杜季良作对照，要求侄子学习龙伯高"敦厚周慎"，培养高尚情操；千万不能学习杜季良，以免成为浪荡轻浮之人。总之，作者观点鲜明，态度诚恳，加之行文简洁，比喻生动，因此成为古代家训中的名作之一。

女 训

蔡邕

蔡邕（133～192），字伯喈，陈留圉（今河南杞县）人。东汉文学家、书法家。汉灵帝时为议郎，因上书批评朝政，被流放朔方。遇赦后，又遭宦官诬陷，亡命江湖十余年。董卓专政，累迁中郎将。董卓被杀后，被王允所捕，死于狱中。通经史、音律、天文，善辞章。工篆、隶，尤以隶书著称。其女蔡琰，字文姬。博学有才辩，通音律。曾被南匈奴掳去，留居十二年。208年，曹操用金璧将她赎回。

清人绘蔡邕画像

原文

心犹首面也①，是以甚致饰焉②。面一旦不修饰，则尘垢秽之③；心一朝不思善，则邪恶入之。咸知饰其面④，不修其心，惑矣。夫面之不饰，愚者谓之丑；心之不修，贤者谓之恶。愚者谓之丑犹可，贤者谓之恶将何容焉⑤？

故览照拭面⑥，则思其心之洁也；傅脂⑦，则思其心之和也；加粉，则思其心之鲜也⑧；泽发⑨，则思其心之润也；用栉⑩，则思其心之理

<ruby>也<rt>yě</rt></ruby>；<ruby>立<rt>lì</rt></ruby><ruby>髻<rt>jì</rt></ruby>❶，<ruby>则<rt>zé</rt></ruby><ruby>思<rt>sī</rt></ruby><ruby>其<rt>qí</rt></ruby><ruby>心<rt>xīn</rt></ruby><ruby>之<rt>zhī</rt></ruby><ruby>正<rt>zhèng</rt></ruby><ruby>也<rt>yě</rt></ruby>；<ruby>摄<rt>shè</rt></ruby><ruby>鬓<rt>bìn</rt></ruby>❷，<ruby>则<rt>zé</rt></ruby><ruby>思<rt>sī</rt></ruby><ruby>其<rt>qí</rt></ruby>
<ruby>心<rt>xīn</rt></ruby><ruby>之<rt>zhī</rt></ruby><ruby>整<rt>zhěng</rt></ruby><ruby>也<rt>yě</rt></ruby>。

——《蔡中郎集》

注释

❶犹：像，同。❷甚：厉害，特别。致饰：给予修饰。❸秽：玷污。❹咸：都。❺何容：怎么可以。❻览照拭面：照镜子擦拭面孔。❼傅脂：涂抹香脂。❽鲜：善良，美好。❾泽发：用脂膏滋润头发。❿栉：梳子、篦子的总称。⓫立髻：绾起发髻。⓬摄鬓：整理鬓发。

译文

　　心就像头和脸一样，需要认真修饰。脸一天不修饰，就会沾满灰尘；心一天不向善，就会窜入邪念。人们都知道修饰面容，却不懂得修炼心性，真是糊涂哇！面容不修饰，愚人称之为丑；心性不修炼，贤人称之为恶。愚人说丑尚可接受，贤人说恶怎么能够容身呢？
　　所以每天照镜子修饰面容，就要想到内心是否纯洁；涂抹香脂时，就要想到内心是否平和；擦抹脂粉时，就要想到内心是否善良；润泽头发时，就要想到内心是否温润；梳理头发时，就要想到内心是否有条理；绾起发髻时，就要想到内心是否端正；整理鬓发时，就要想到内心是否严整。

评说

　　本文是蔡邕写给女儿蔡琰的一篇训诫文，思想新颖，比喻生动，是值得一读的佳作。文中批评世人都知道修饰面容，却不懂得修炼心性的糊涂观念，认为人不仅要修饰面容，更要修炼心性。因不修饰面容而丑，尚可容忍；因不修炼心性而恶，则无法接受。作者教育女儿要把修饰面容和修炼心性结合起来，强调净化心灵比美化面容更重要，在美化自身时不要忘记品德的修养。

遗令 yí lìng（节录）

曹操

作者简介

曹操（155～220），字孟德，沛国谯县（今安徽亳州）人。东汉末政治家、军事家、诗人。在镇压黄巾起义和董卓的战争中，逐步扩充兵力。196年，迎汉献帝建都于许（今河南许昌东），从此用汉献帝的名义发号施令，逐步统一中国北部。208年任丞相，在赤壁被孙权、刘备联军击败。216年晋爵为魏王。其子曹丕称帝建立魏国后，追尊为武帝。

明人绘曹操画像

原文

吾夜半觉小不佳❶，至明日饮粥汗出，服当归汤❷。

吾在军中持法是也❸，至于小忿怒，大过失，不当效也。天下尚未安定，未得遵古也❹。吾有头病，自先著帻❺。吾死之后，持大服如存时❻，勿遗。百官当临殿中者❼，十五举音❽，葬毕便除服❾。其将兵屯戍者❿，皆不得离屯

部，有司各率乃职❶。敛以时服❷，葬于邺之
西冈上，与西门豹祠相近❸，无藏金玉珍宝。

——《曹操集》

注释

❶小不佳：稍微有点儿不舒服。❷当归汤：一种以中药当归为主煎成的汤药补剂。❸持法：执法。❹遵古：遵守古代关于丧葬的礼节，如守孝和用金玉珍宝陪葬等。❺著帻：戴头巾。❻大服：礼服。❼临：哭吊死者。❽十五举音：哭十五声。举音，为悼死者而放声哀哭。❾除服：脱去丧服。❿屯戍：驻扎防守。⓫有司：主管官员。⓬敛：同"殓"，装殓，替死人穿好衣服，并装入棺材。⓭西门豹：战国时魏国人，任邺县令时，兴修水利，发展农业生产，并革除当地替河神娶妇的陋习，受到百姓爱戴。后人为他在邺下立祠堂，以示怀念。

译文

我半夜里感觉身体有点儿不舒服，第二天吃粥出了汗，并服了当归汤。

我在军中执法是对的，至于小小发怒，大的过错，则不应该去效法。现在天下还没有安定，丧事不能遵守古代的制度。我有头疼病，很早就戴上了头巾。我死后，穿的衣服和生前一样就行，不要忘记了。文武百官来殿中吊唁的，只须哭十五声，安葬后便脱掉丧服。那些带兵驻守各地的将领，都不要离开驻地，官吏们各司其职。入殓时穿平时的衣服，把我葬在邺城西面的山冈上，与西门豹祠靠近，不要用金玉珍宝陪葬。

评说

220年，曹操病死洛阳，这是他去世前写的遗嘱，对后事应遵循的原则及具体事宜作出交代。他首先对自己生平作了简要评价，肯定"以法持军"的正确性，并对所犯过失提出批评，体现了实事求是的精神。其次提出办丧事的原则：一切从简，反对厚葬，体现了曹操处处以国家利益为重的觉悟，对后代有很好的教育作用。

诫子书

王 修

作者简介

　　王修（生卒年不详），字叔治，三国魏北海营陵（今山东昌乐）人。袁绍时为即墨令。归曹操后为司空掾，魏郡太守，抑强扶弱，深得民心。曹丕称帝后，任大司农郎中令。

原文

自汝行之后，恨恨不乐❶。何者？我实老矣，所恃汝等也❷，皆不在目前❸，意遑遑也❹。人之居世，忽去便过，日月可爱也❺。故禹不爱尺璧而爱寸阴❻。时过而不可还，若年大不可少也，欲汝早之❼，未必读书，并学作人。欲令见举动之宜，观高人远节❽。志在善人，左右不可不慎。善否之要，在此际也。行止与人❾，务在饶之❿。言思乃出，行详乃动⓫，皆用情实道理，违斯败矣⓬。

清杨钰所篆闲章《不爱尺璧而爱寸阴》

fù yù lìng zǐ shàn　　wéi bù néng shā shēn❸　　qí yú wú xī yě

父欲令子善，惟不能煞身❸，其余无惜也。

——《艺文类聚》

注释

❶恨恨：闷闷不乐。❷恃：依靠。❸目前：在身边。❹遑遑：惊恐不安。❺日月：时光。❻禹不爱尺璧而爱寸阴：大禹不爱惜直径一尺的璧玉，却爱惜短暂的光阴。❼早之：及早。❽远节：高尚节操。❾行止与人：与人打交道。❿饶：宽容。⓫行详乃动：行为经过审查才去实施。⓬违斯败：违背这些就要失败。⓭煞身：杀身。

译文

　　自从你走后，我一直闷闷不乐。这是为什么呢？我老了，依靠的是你们，而你们都不在身边，所以心里感到惊恐不安。

　　人活在世上，时间如流水般匆匆逝去，岁月值得珍重。所以大禹不爱惜直径一尺的璧玉，却爱惜短暂的光阴。时光一去不复返，就像人老了不能再回到少年一样，你要及早明白这一点，不一定局限于读书，但更要学会做人。想让你知道一举一动都要有规矩，注意观察贤人的高尚节操。立志成为品德高尚的人，对周围的人不可不慎重。善与不善的关键，就在这里了。与人交往，务必宽容。话想好了再说，行动考虑周密再实施，说话做事合情合理，违背这些就会失败。

　　作为父亲都希望自己的孩子能够学好，除了不能杀身，其余的没有什么值得可惜的。

评说

　　本文是王修写给在外游学儿子的一封家书，教育儿子要珍惜有限的人生光阴，以贤人为楷模，对人宽容，注意自己的言行举止；并强调这些都是实实在在的道理，不能有丝毫违背，否则就会导致失败。作者强调更多的是如何做人，与一些家训强调多读书有所不同。

遗诏敕后主
yí zhào chì hòu zhǔ

刘备

刘备（161～223），字玄德，涿郡涿县（今河北涿州）人。三国时蜀汉建立者。东汉末起兵，参与镇压黄巾起义。在军阀混战中，曾先后依附曹操、袁绍、刘表等人。后三顾茅庐，采用诸葛亮联孙拒曹策略，在赤壁之战中打败曹操，占领荆州，旋即夺取益州、汉中。221年称帝，建都成都，国号汉。次年在吴蜀彝陵之战中大败，不久病死。

作者简介

明人绘汉昭烈帝刘备画像

原文

zhèn chū jí dàn xià lì ěr　　hòu zhuǎn zá tā bìng　dài bú zì
朕初疾但下痢耳❶，后转杂他病，殆不自

jì　rén wǔ shí bù chēng yāo　nián yǐ liù shí yòu yú　hé suǒ
济❷。人五十不称夭❸，年已六十有余，何所

fù hèn　bú fù zì shāng　dàn yǐ qīng
复恨？不复自伤，但以卿

xiōng dì wéi niàn　shè jūn dào　shuō
兄弟为念❹。射君到❺，说

chéng xiàng tàn qīng zhì liàng shèn dà
丞相叹卿智量甚大❻，

zēng xiū guò yú suǒ wàng　shěn néng rú
增修过于所望❼，审能如

cǐ　wú fù hé yōu　miǎn zhī miǎn
此❽，吾复何忧！勉之，勉

清《学山堂印存》所辑闲草《任贤必治》

之！勿以恶小而为之，勿以善小而不为。惟贤惟德，能服于人。汝父德薄，勿效之。

可读《汉书》《礼记》⑨，闲暇历观诸子及《六韬》《商君书》⑩，益人意智⑪。闻丞相为写《申》《韩》《管子》《六韬》一通已毕⑫，未送，道亡⑬，可自更求闻达。

——《三国志·蜀书·先主传》注

注释

❶但：只是。下痢：腹泻。❷殆：恐怕。❸夭：早死，短命。❹卿：古代君对臣、长辈对晚辈的称呼。❺射君：射人，官名。掌管射法以习射仪。❻丞相：诸葛亮。智量：智慧与气度。❼增修：长进，指学业上的进步。❽审：确实。❾《汉书》：东汉班固撰，我国第一部纪传体断代史，记录西汉一代的历史。《礼记》：儒家经典之一，相传为西汉戴圣所编，是秦汉以前各种礼仪论著的选集。❿诸子：先秦至汉初各派学者的著作。《六韬》：古代兵书，旧题姜尚（姜太公）所作，实为战国晚期至秦汉之间的作品。分文韬、武韬、龙韬、虎韬、豹韬、犬韬六卷。《商君书》：战国时商鞅及其后学著作的合编。⑪意智：智慧。⑫《申》：《申子》，相传为战国时申不害著，内容多刑名权术之学，属法家著作。《韩》：《韩非子》，战国末韩非著，先秦法家学说集大成之作。《管子》：书名，战国时齐国稷下学者托名管仲所作，其中也有汉代增益内容，

台北“故宫博物院”藏班固画像

包含道家、名家、法家等思想以及天文、历数、地理、经济和农业等方面的知识。一通：一份。⑬道亡：在路途中丢失。

译文

我起初得的只是腹泻，后来又添了其他的病，恐怕不能医治了。人活到五十岁命就不算短，我已经六十多岁，有什么可遗憾的呢？我不再为自己感到难过，放心不下的是你们兄弟几个。射人来过，说丞相诸葛亮夸你智慧与气度很大，学业进步超过对你的期望，果真如此，我还有什么可担忧的呢！努力吧，努力吧！不要因为坏事很小就去做，也不要因为好事很小就不去做。只有贤明和德行，才能使人信服。你的父亲德行不深，不要效仿。

可以读一读《汉书》《礼记》，有空时还要浏览诸子百家著作以及《六韬》《商君书》，这些书可以增长人的智慧。听说丞相把《申子》《韩非子》《管子》《六韬》等书都抄了一遍，却在送来的路上丢失，你可以再找有学问的人学习这些东西。

评说

这是刘备死前告诫儿子刘禅的遗诏，其内容有二：一是告诫刘禅"勿以恶小而为之，勿以善小而不为"，只有贤明和德行才能服人的道理；二是要想增长智慧，就必须广泛而有计划地读书，并为他开列包括历史、兵书和诸子著作的书单。这两点是刘备一生为人和读书经验的总结，很有教益。可惜，刘禅并未真正领会和认真去做，最终成为历史上"乐不思蜀"的亡国之君。

明焦竑撰《养正图解》插图《教子读书》，讲述刘备教育儿子刘禅要多读经书的故事

jiè zǐ shū
诫子书

诸葛亮

作者简介

诸葛亮（181～234），字孔明，琅琊阳都（今山东沂南）人。三国蜀汉政治家、军事家。早年隐居襄阳，后成为刘备主要谋士，辅佐刘备创建蜀汉政权，担任丞相。刘备死后，辅佐刘禅继位，被封为武乡侯。病死后，谥忠武侯。

清殿藏本诸葛亮画像

原文

夫君子之行❶，静以修身❷，俭以养德。非淡泊无以明志❸，非宁静无以致远❹。夫学，须静也；才，须学也。非学无以广才❺，非志无以成学。淫慢则不能励精❻，险躁则不能治性❼。年与时驰❽，意与日去❾，遂成枯落❿，多不接世⓫。悲守穷庐⓬，将复何及⓭！

清严煜所篆闲章《非学无以广才，非静无以成学》

——《诸葛亮集》

35

①行：操守，品德。②静：平静，安静。这里指平静专注的精神状态。③淡泊：恬淡寡欲。④致远：达到远大目标。⑤广：增长。⑥淫慢：放纵怠慢。励精：振奋精神。⑦险躁：轻薄浮躁。治性：陶冶性情。⑧驰：流逝，消失。⑨意与日去：意志随时光而消沉。⑩枯落：枯萎凋落。这里指毫无作为。⑪接世：合于世用，对社会作出贡献。⑫穷庐：破旧的房屋。⑬何及：怎么来得及。

译文

君子的操守，以静思加强自身修养，以节俭培育良好品德。不恬淡寡欲就不能显示自己的志向，不心境安宁就不能达到远大的目标。学习必须心静，才干必须通过学习获得。不学习不能增长才干，不立志不能学有所成。放纵怠慢不能振奋精神，轻薄浮躁不能陶冶性情。年华随时光流逝，意志随岁月消磨，如同枝枯叶落，没有什么作为。到那时，悲伤地守在破旧的房屋里，后悔又怎么来得及呢？

评说

这是诸葛亮写给儿子诸葛瞻的一封信，以简洁的语言深刻总结了成才的经验和教训，告诫儿子要成为一个具有高风亮节、真才实学和对社会有贡献的人。由于诸葛瞻受到良好的家庭教育，当魏将邓艾攻蜀引诱他投降时，他怒斩来使，战死殉国，没有辜负父亲的厚望。信中"非淡泊无以明志，非宁静无以致远"作为千古名言，成为很多人的座右铭。

清绣像本《三国演义》插图《诸葛瞻战死绵竹》，讲述魏将邓艾攻蜀，诸葛瞻拒绝投降，最终战死的故事

诫外甥书

诸葛亮

原文

夫志当存高远，慕先贤，绝情欲，弃疑滞❶，使庶几之志❷，揭然有所存❸，恻然有所感❹；忍屈伸❺，去细碎，广咨问，除嫌吝❻，虽有淹留❼，何损于美趣，何患于不济❽？若志不强毅，意不慷慨，徒碌碌滞于俗❾，默默束于情❿，永窜伏于凡庸⓫，不免于下流矣⓬！

——《诸葛亮集》

清《学山堂印存》所辑闲章《匹夫结志，固如磐石》

注释

❶疑滞：郁结心中的疑惑。❷庶几：好学而可以成才的人。❸揭然：显露的样子。❹恻然：恳切的样子。❺屈伸：委屈和伸直。偏义词，偏于委屈。❻嫌吝：怨恨吝啬。❼淹留：羁留，逗留。这里指名誉、地位受挫，愿望不能实现。❽济：成功。❾滞于俗：为世俗之情所拘泥。❿束于情：为俗情所束缚。⓫窜伏：逃匿，隐藏。这里指沉沦。凡庸：平凡而庸俗的境地。⓬下流：下品，卑下的地位。

37

胸中的志向应该高尚远大，追慕先贤，节制情欲，抛弃疑虑，使成才的志向明确在心，并诚恳地为之感动；忍受委屈，丢掉杂念，广泛请教，切莫怨恨咨啬，即使名位低下，怎会损伤自己的美好志趣，又怎会担心不能成功呢？如果志向不坚定刚毅，意气不慷慨激昂，只是辛苦忙碌地为世俗所困扰，意志消沉地为俗情所束缚，势必永远沉沦于凡夫俗子之列，免不了成为低人一等的庸俗之辈。

评说

这是诸葛亮写给其二姐之子庞涣的家书，提出做人要树立远大志向，并结合自己的人生经验，列举慕先贤、绝情欲、弃疑滞、忍屈伸、去细碎、广咨问、除嫌吝等立身要道，从正反两方面作了简明扼要的回答，有很强的启发性和可操作性。信中指出，如果志向不坚定，会产生两种不同的后果，具有一定的警示作用。该信虽然语句简短，却内容丰富，须仔细领会。

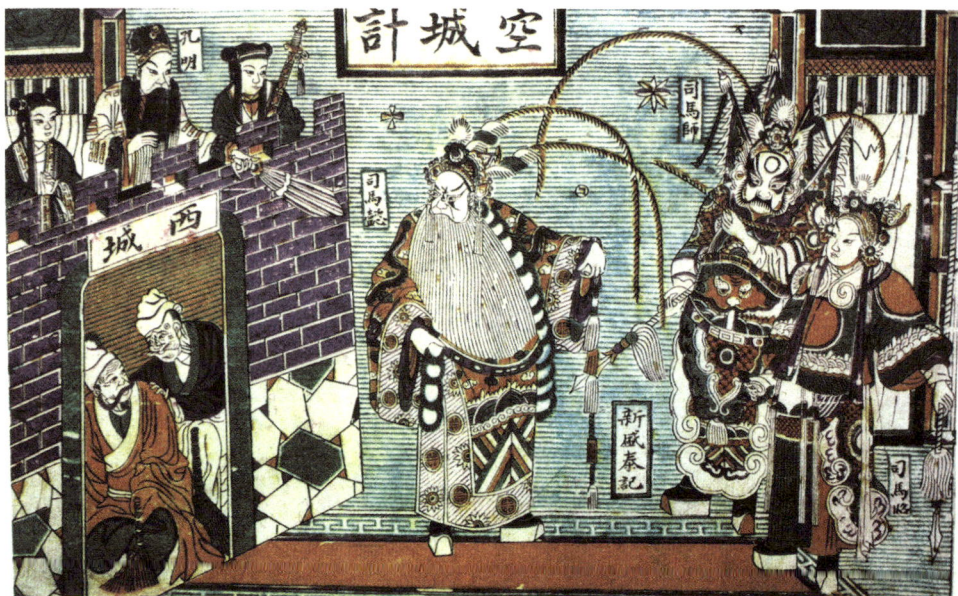

清代山东高密年画《空城计》，讲述街亭失守后，诸葛亮无奈摆下空城计，吓走司马懿的故事

清沈振麟绘《帝鉴图说》之《君臣鱼水》(局部)，描绘刘备三顾茅庐的场景

遗言诫子
yí yán jiè zǐ

向 朗

作者简介

　　向朗（168～247），字巨达，襄阳宜城（今湖北宜城）人。三国蜀汉官员。刘备时担任巴西太守，刘禅时为步兵校尉，代王连领丞相长史，后被诸葛亮免官。离职以后潜心研究典籍，受到时人尊敬。

原文

《传》称：师克在和
不在众❶。此言天地和
则万物生，君臣和则国
家平，九族和则动得所
求❷，静得所安，是以圣

清沈璞含所篆闲章《存神养和》

人守和，以存以亡也❸。吾，楚国之小子
耳❹，而早丧所天❺，为二兄所诱养❻，
使其性行不随禄利以堕❼。今但贫耳❽，贫
非人患，惟和为贵，汝其勉之！

——《三国志·向朗传》裴注引《襄阳记》

❶"《传》称"句:《左传》上说:军队能获胜,在于上下一心,不在于人多。❷九族:同姓亲属,以自己为本位,上推四世至高祖,下推四世至玄孙。❸以存以亡:和则存,不和则亡。❹楚国:向朗是襄阳宜城人,属楚国之地,故称。小子:平民百姓。❺早丧所天:早年丧父。所天,所依靠的人,这里指父亲。❻诱养:教导培养。❼性行:本性,行为。堕:同"隳",毁坏。❽但:只是。

译文

《左传》上说:军队能获胜,在于上下一心,不在于人多。这就是说,天地和谐,万物就会生长;君臣和谐,国家就会太平;九族和睦,行动就可以达到目的,静止就可以得到安宁,所以圣人奉守和谐思想,因为和则存,不和则亡。我,本是楚国的平民百姓,很早就失去父亲,因为两个哥哥的教导培养,才使我的品行没有因为追求利禄而堕落。我现在只是贫穷而已,但贫穷并不是人世的灾难,只有和谐最宝贵,你要好好努力呀!

评说

这是向朗临终写给儿子向条的遗言,简要阐发古人"和"的思想,并推论出"圣人守和以存"的观点。"和"是中国古代努力推崇的一种思想,天地和谐,君臣协调,九族和睦,便会出现国家安宁、家庭团结的局面。向朗遗言诫子,专讲一个"和"字,是很有道理的。

清刻本《钦定书经图说·尧典》插图《九族亲睦图》,讲述帝尧治国先自敦睦九族开始,继而推之于畿内百姓,最终使天下大治的故事

诫子书
jiè zǐ shū

羊祜

羊祜（221～278），字叔子，泰山南城（今山东费县）人。魏末历任中书侍郎、秘书监、相国从事中郎等。西晋初任尚书左仆射，都督荆州诸军事，镇守襄阳十余年。为官清廉，深得人心，死后追赠太傅。

清人绘羊祜画像

原文

吾少受先君之教❶，能言之年，便召以典文❷。年九岁，便诲以《诗》《书》，然尚犹无乡人之称，无清异之名❸。今之职位，谬恩之加耳❹，非吾力所能致也。吾不如先君远矣！汝等复不如吾。

谘度弘伟❺，恐汝兄弟未之能也；奇异独达❻，察汝等将无分也。恭为德首，慎为行基，愿汝等言则忠信，行则笃

清黄景仁所篆闲章《忠信笃敬》

敬^⑦，无口许人以财^⑧，无传不经之谈^⑨，无听
毁誉之语。闻人之过，耳可得受，口不得宣，
思而后动。若言行无信，身受大谤^⑩，自入刑
论^⑪，岂复惜汝？耻及祖考^⑫。思乃父言，纂乃
父教^⑬，各讽诵之^⑭。

——《艺文类聚》

注释

❶先君：自己去世的父亲。❷典文：典
范的书籍。❸清异之名：清高特异的名声。
❹谬恩：并无才德而误受的恩遇，是自谦之
词。❺谘度弘伟：商议国家大事，开创宏大
事业。❻奇异独达：才能非凡，智慧通达。
❼笃敬：笃厚敬肃。❽无口许：不要空口许
诺。❾不经之谈：荒诞或没有根据的议论。
❿大谤：重大的毁谤。⓫刑论：刑法判决。
⓬祖考：祖先。⓭纂：同"缵"，继承。⓮讽
诵：背诵。

译文

我从小接受父亲教导，刚会说话，
他就教我学习那些可以作为典范的文
籍。我九岁时，他便教我读《诗经》

清绣像本《三国演义》中的羊祜画像

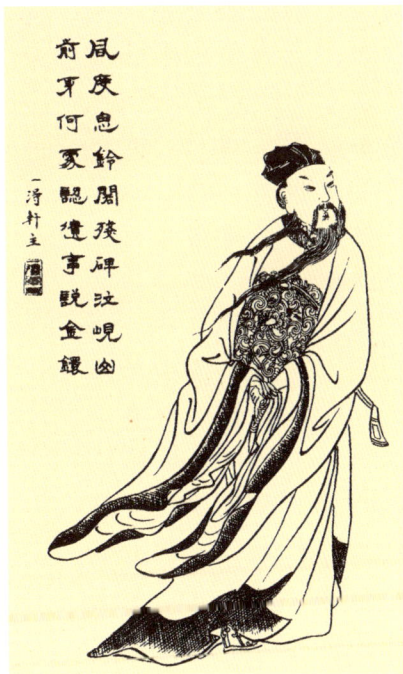

和《尚书》，但是还没有受到同乡人的赞扬，也没有清高特异的名声。今日所处职位，是朝廷误把恩惠赏赐给我，不是我能力可以得到的。我远不如先父，你们又不如我。

商议国是，开创基业，恐怕你们兄弟没有这个能力；才能非凡，智慧通达，看来你们也没有这个天分。谦恭是德行的首要，谨慎是行事的基础，希望你们言语忠信，行为笃敬，不要空口许诺给别人财物，不要传播没有根据的言论，不要偏听诋毁或赞誉的一面之词。听到别人的过失，耳朵可以听，但不要去宣扬，三思之后再决定如何去做。如果说话做事不讲信用，势必身受很多指责唾骂，甚至会遭受刑法惩治，到时候谁会可怜你呢？而且还会使祖先蒙受耻辱。希望你们好好想想我说的话，听从我的教诲，每个人都要认真背诵它。

评说

羊祜为政清廉，死后襄阳人为他在岘山建碑立庙，历代受到赞扬。他不仅严于律己，对儿子要求也很严格。这是一篇从大处着眼小处入手的诫子书，文中一些具体而琐碎的叮咛，看似给人以谨小慎微的感觉，但联系到作者身处魏晋之交，目睹大批文士横遭杀戮的现实，就可以切实体会到作者的良苦用心。这也是他为儿子提供远祸保身的一剂良方。

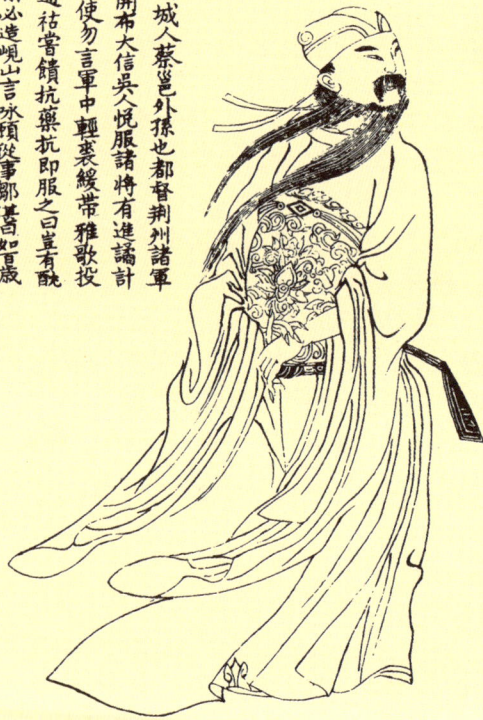

清金古良绘《无双谱》中的羊祜画像

家诫（节录）

嵇 康

清人绘《历代名臣像解》中的嵇康画像

原文

人无志，非人也。但君子用心，有所准行❶，自当量其善者，必拟议而后动❷。若志之所之❸，则口与心誓❹，守死无二，耻躬不逮❺，期于必济❻。若心疲体懈，或牵于外物，或累于内欲，不堪近患❼，不忍小情，则议于去就❽。议于去就，则二心交争。二心交争，则向所以见役之情胜矣❾。或有中道而废，或有不成一篑而败之❿。以之守则不固，以之

gōng zé qiè ruò　　yǔ zhī shì zé duō wéi　　yǔ zhī móu zé shàn xiè
攻则怯弱；与之誓则多违⑪，与之谋则善泄⑫；

lín lè zé sì qíng　　chǔ yì zé jǐ yì　　gù suī fán huá yì yào
临乐则肆情⑬，处逸则极意⑭。故虽繁华熠耀⑮，

wú jié xiù zhī xūn　　zhōng nián zhī qín　　wú yí dàn zhī gōng　　sī jūn
无结秀之勋⑯；终年之勤，无一旦之功。斯君

zǐ suǒ yǐ tàn xī yě　　ruò fú shēn xū zhī cháng
子所以叹息也。若夫申胥之长

yín⑰　　yí　　qí zhī quán jié⑱　　zhǎn jì zhī zhí
吟⑰，夷、齐之全洁⑱，展季之执

xìn⑲　　sū wǔ zhī shǒu jié⑳　　kě wèi gù yǐ
信⑲，苏武之守节⑳，可谓固矣。

gù yǐ wú xīn shǒu zhī㉑　　ān ér tǐ zhī㉒　　ruò
故以无心守之㉑，安而体之㉒，若

zì rán yě　　nǎi shì shǒu zhì zhī shèng zhě yě
自然也，乃是守志之盛者也。

清人绘《历代名臣像解》中的苏武画像

——《嵇康集》

![注释]

❶准行：行为规范。❷拟议：揣度商议。❸之：往。❹誓：发誓。❺耻躬不逮：以自己达不到目标为耻。❻期于必济：希望一定能成功。❼堪：忍受。❽议：选择。去就：取舍，这里指坚持还是改变初衷。❾向：以往。见役之情：被控制的情感欲望。见，被。❿不成一匮：只差一筐土就可堆成山，语出《论语·子罕》。匮，同"篑"，盛土的竹器。⓫誓：盟誓。⓬泄：泄露，泄密。⓭肆情：放纵情欲。⓮极意：极尽己意。⓯熠耀：光耀，鲜明。⓰结秀：结出果实，指有所成就。⓱申胥之长吟：春秋时楚人申包胥的号哭。吴楚柏举之役，吴国攻破楚郢都，申包胥为救楚国，在秦廷痛哭七天七夜，最终感动秦王，发兵救楚。⓲夷、齐之全洁：殷末伯夷、叔齐品德高尚，有操守。武王灭商，伯夷、叔齐认为周德衰弊，耻食周粟，采薇首阳，最终饿死。⓳展季之执信：春秋时期鲁国大夫柳下惠秉持信义。展季，即展禽，名获，字禽。食邑在柳下，

46

竹林七賢
甲戌春蜀南川程彭暘寫於澤門

清彭暘绘《竹林七贤》图，讲述嵇康、阮籍、山涛、向秀、刘伶、王戎及阮咸七人常聚在当时山阳县（今河南辉县、修武一带）竹林之下，肆意酣畅，世谓"竹林七贤"的故事

谥惠。前634年，齐国攻鲁，他派人到齐劝说退兵。以讲究贵族礼节"坐怀不乱"著称。⑳苏武之守节：苏武坚守节操。苏武，西汉人，曾奉汉武帝之命出使匈奴，被扣留十九年，历尽艰苦，始终坚守节操。㉑无心守之：没有二心，恪守其志。㉒安而体之：稳固地实施其志向。

人活着如果没有志向，就算不上是真正的人。但君子只要用心，做事遵循行为规范，自然会思量好的方面，认真思考议论后才行动。立志要做的事，就要心口合一，至死不悔，以达不到目的为耻，希望所做的事能够成功。假如身心疲惫倦怠，或被外物所牵制，或被内欲所拖累，不能忍受近忧，不能克制欲望，就会考虑做还是不做。考虑做还是不做，内心就会产生矛盾。产生这种矛盾，原先被控制的欲念就会占据上风。有的半途而废，有的功亏一篑。这样的心态用来防守则不牢固，用来进攻则胆怯懦弱；用来盟誓大多会违约，用来谋划大多会泄密；遇上快乐则放纵情感，身处安逸则极意声色。所以即使花朵开得耀眼夺目，也终究没有结出果实；终年辛苦劳作，却没有一点儿功劳。这就是君子之所以叹息的原因哪！至于申包胥到秦廷痛哭求师，伯夷、叔齐品德高尚，柳下惠守信不欺，苏武坚守节操，可以称得上志节不移。所以恪守志向，没有二心，稳固实施，浑然天成，他们是最能坚守志向的人。

本文选自嵇康写给儿子嵇绍的家书。嵇绍官至侍中，以身保卫晋惠帝，血溅帝衣，被后世称作忠君的典范。嵇康在文中告诫儿子要有志向，做高尚的人，而且一直做下去，不要半途而废。他列举没有志向的种种表现，同时列举申包胥、伯夷、叔齐、柳下惠、苏武等坚持节操的人作为学习榜样。嵇绍能成为忠君楷模，应该说与嵇康的家训不无关系。立志做高尚的人，坚持志向，不为外物私欲所左右，这一论点至今仍有积极意义。

清人绘《历代名臣像解》中的柳下惠画像

与子俨等疏

陶渊明

陶渊明（365～427），名潜，字元亮，浔阳柴桑（今江西九江西南）人。东晋文学家，古代田园诗的创始者和奠基人。早年几次出仕，曾任江州祭酒、镇军参军、建威参军、彭泽令等职。四十一岁时弃官归田，长期过着隐居生活。长于诗文辞赋。

作者简介

明人绘陶渊明画像

原文

告俨、俟、份、佚、佟：天地赋命❶，生必有死。自古贤圣，谁能独免？子夏有言曰："死生有命，富贵在天❷。"四友之人，亲受音旨❸。发斯谈者，将非穷达不可妄求，寿夭永无外请故耶❹？

吾年过五十，少而穷苦，每以家弊，东西游走。性刚才拙，与物多忤❺。自量为己，必贻俗患，黾勉辞世❻，使汝等幼而饥寒。余尝感孺仲贤妻之言[7]，败絮自拥，何惭儿子？此既一事矣。但恨邻靡二仲[8]，室无莱妇[9]，抱兹苦心，良独内愧。

少学琴书，偶爱闲静，开卷有得，便欣然忘食。见树木交荫，时鸟变声，亦复欢然有喜。常言：五六月中，北窗下卧，遇凉风暂至，自谓是羲皇上人[10]。意浅识罕，谓斯言可保[11]；日月遂往，机巧好疏[12]。缅求在昔，眇然如何[13]！疾患以来，渐就衰损。亲旧不遗，每以药石见救，自恐大分将有限也[14]。

汝辈稚小家贫，每役柴水之劳[15]，何时可免？念之在心，若何可言[16]！然汝等虽不同生，当思四海皆兄弟之义[17]。鲍叔、管仲，分财无猜[18]；归生、伍举，班荆道旧[19]。遂能以败为成[20]，因丧立功[21]

清改琦所篆闲章《羲皇以上人何似，不过临风卧北窗》

桃源问津

清陆汉绘《桃源问津》图

他人尚尔,况同父之人哉?颍川韩元长,汉末名士,身处卿佐,八十而终,兄弟同居,至于没齿㉒。济北泛稚春,晋时操行人也,七世同财,家人无怨色㉓。《诗》曰:"高山仰止,景行行止。㉔"虽不能尔,至心尚之㉕。汝其慎哉!吾复何言。

——《陶渊明集》

注释

❶赋命:给予生命。❷子夏:姓卜,名商,字子夏,孔子学生,春秋时期卫国人。"死生有命,富贵在天"语出《论语·颜渊》。❸四友之人:孔子把对他有帮助的四个学生颜回、子贡、子路、子张称为"四友"。音旨:言辞旨意。❹"将非"两句:难道不是认为困厄和显达是不能非分追求,长寿和夭折是永远不能在命定之外求得的缘故吗?❺忤:违背,抵触。❻黾勉辞世:主动辞别世俗,指辞官归隐。黾勉,努力。❼孺仲:东汉王霸,字孺仲,太原人,年轻时就有高尚节操。其妻与他一样,志向高洁,不为世俗羁绊。❽二仲:汉代高士羊仲、求仲,蒋诩辞官回乡隐居,只与二人交往。❾莱妇:春秋时楚国老莱子的妻子,当时楚王要老莱子去做官,其妻阻止,二人隐居江南。❿羲皇上人:伏

上谷太守淮阳侯王霸

清张士保绘《云台二十八将图》中的王霸画像

羲氏以前的人。伏羲、神农、黄帝是传说中的三皇。⓫意浅识罕：思想单纯，见识短浅。保：保有，这里指常记不忘。⓬机巧好疏：疏远机心巧谋之事。⓭"缅求"两句：回顾从前的岁月，一切都是那么渺茫遥远，无可奈何。眇，同"渺"，如何，奈何。⓮遗：抛弃。药石：药剂和砭石，这里指药物。大分：大限，指生命的长短。⓯役柴水之劳：承担打柴挑水的劳动。⓰"念之"两句：我心里常挂念此事，可有什么话好说呢！⓱四海皆兄弟之义：四海之内的人都是兄弟，语出《论语·颜渊》子夏之言。⓲鲍叔、管仲，分财无猜：鲍叔牙和管仲是春秋时齐国大夫，年轻时就是好朋友。管仲家贫，与鲍叔牙经商，分钱时拿得多，鲍叔牙并不认为管仲贪财而猜忌他。⓳归生、伍举，班荆道旧：春秋时，蔡国人归生和楚国人伍举是好朋友。伍举因罪逃往郑国，又准备奔晋。在去晋国的路上，与出使晋国的归生相遇。两人便铺上荆草，席地而坐，叙说昔日友情。后归生出使楚国，对令尹子木说楚材晋用对楚国不利，于是楚国召回伍举。⓴以败为成：管仲依靠鲍叔牙的帮助，从失败转为成功。管仲起初辅佐公子纠，鲍叔牙辅佐公子小白（齐桓公）。后公子小白打败公子纠，管仲被囚。鲍叔牙向公子小白推荐管仲任相国，辅佐齐桓公成就霸业。㉑因丧立功：伍举在逃亡途中得到归生帮助，回楚国后，辅佐公子围继承王位，立下功劳。㉒韩元长：名融，字元长，东汉颍川舞阳（今河南舞阳西）人。汉献帝时官至太仆，为九卿之一。没齿：牙齿脱光，即终身之意。㉓汜稚春：名毓，字稚春，西晋济北（今山东长清）人。汜家累代儒业，九族和睦，到汜毓时已经七代。㉔高山仰止，景行行止：语出《诗经·小雅·车辖》，意思是仰望高山，遵行大道，指值得效仿的崇高品德。㉕至心尚之：诚心地尊崇他们。

译文

告诫俨、俟、份、佚、佟诸儿：天地给予人生命，有生必有死。自古以来，即使圣贤，谁又能避免死亡呢？子夏曾说过："死生有命，富贵在天。"颜回、子贡、子张和子路被孔子称为"四友"，受过他的亲身教诲。发表这种议论的人，难道不是认为困厄和显达是不能非分追求，长寿和夭折是永远不能在命定之外求得的缘故吗？

我已年过五十，年少时穷苦，常因家境贫困，东奔西走。本性刚直，才学拙劣，与世事多有抵触。自己考虑这样下去，终不免招致世俗的祸患，因此主动弃官隐居，使你们年幼就遭受饥寒。我曾感慨于东汉王霸妻子的话：自己裹着破棉絮，何必为儿子的贫寒感到惭愧呢？这都是一样的事情。只是遗憾没有像高士求仲、羊仲那样的邻居，没有像老莱子之妇那样贤惠的妻子，抱有这份苦心，内心确实惭愧。

我年少学习弹琴读书，喜欢悠闲清净，读书有所收获，就高兴得忘记吃饭。看到树木交错成荫，听到四时鸟儿啼鸣，更加欢欣喜悦。我常说：五六月的时候，在北窗下面躺着，阵阵凉风吹来，自己便以为是上古时代的人了。我思想单纯，见识短浅，以为这样的生活可以保持下去；岁月流逝，机心巧思却一直很少。回顾从前的岁月，一切都是那么渺茫遥远，无可奈何。自从患病以来，身体逐渐衰弱，亲朋故旧没有抛弃我，经常送来药物救我，但自己觉得寿命已到了尽头。

你们从小家境贫寒，打柴挑水的劳动，什么时候才可以免除呢？我经常挂念在心，可又有什么可说的呢？你们兄弟虽然不是同母所生，但应当想到四海之内都是兄弟的情义。鲍叔牙和管仲共同经商，分钱的时候不猜忌；归生和伍举相遇途中，二人铺荆而坐，共叙旧情。在鲍叔牙的帮助下，管仲变失败为成功；在归生的帮助下，伍举得以回国立功。其他人尚能如此，何况你们是同父兄弟呢？颍川韩元长，是汉末名士，身为九卿之一，八十岁时去世，兄弟同住，一直到死。济北汜稚春，是西晋有操行的人，七世共用财产，家人没有怨色。《诗经》说："敬仰巍峨的高山，走着光明的大道。"即使不能像这些名士那样，也要诚心地尊崇他们。你们可要慎重啊！我还有什么可说的呢？

点评说

本文是陶渊明一场大病后，自感将不久于人世而写给儿子们的一封家书。首先回顾生活志趣和人生态度，说明自己清白自守的一生；继而告诫子女要和睦相处，虽是异母所生，但仍是同父兄弟，应以先贤为范，慎重治家，同时提到由于辞官归隐给家庭生活带来的困难和自己的不安。文辞质朴平淡，情深语挚，表现出陶渊明对儿子们的期望之切和用心之苦。

清梁延年辑《圣谕像解》插图《义重分金》，讲述春秋时期管仲与鲍叔牙经商，分钱时管仲拿得多，鲍叔牙却不认为管仲贪财而猜忌他的故事

遗令诸子

源 贺

源贺（407～479），北魏大将。原姓王，名破羌，西平乐都（今属甘肃）人。北魏太武帝拓跋焘赐姓源氏，封陇西王。自殿中尚书出为冀州刺史，晚年因病自请退职，病重还于京师。谥宣。

原文

吾顷以老患辞事❶，不悟天慈降恩❷，爵逮于汝❸。汝其毋傲吝❹，毋荒怠❺，毋奢越❻，毋嫉妒。疑思问❼，言思审❽，行思恭，服思度❾。遏恶扬善，亲贤远佞。目观必真，耳属必正❿，忠勤以事君，清约以临己⓫。吾终之后，所葬，时服单椟⓬，足申孝心，刍灵明器⓭，一无用也。

——《北史·源贺传》

清潘本山所篆闲章《忠以事君，恭以事长》

❶顷:不久前。老患:年老多病。辞事:辞去官职。❷不悟:没有想到。天慈:皇帝慈爱。❸逮:达到,这里指赏赐。❹傲吝:骄傲贪婪。❺荒怠:纵逸怠惰。❻奢越:奢侈无度。❼思:思索,考虑。❽审:周密,慎重。❾度:制度,法度。❿耳属:即属耳,注意倾听。⓫清约:清廉节俭。临:加给。⓬时服:平时穿的衣服。单椟:简单的棺材。椟,古人以中间挖空的木头为棺材。⓭刍灵:用茅草扎成的人马,为古人送葬之物。明器:即冥器,专为随葬而作的器物,一般用竹、木或陶土制成。

译文

不久前我因为年老多病辞去官职,没想到皇帝仁慈降恩,把我的爵位传给你们。你们千万不要骄傲贪婪,不要纵逸怠惰,不要奢侈无度,不要嫉妒别人。有疑问就去询问,说话要谨慎,行动要恭敬,穿着要合规范。阻止邪恶,发扬善行,亲近贤能,远离奸佞,眼睛要看真实的东西,耳朵要听正确的声音,以忠诚勤勉侍奉君王,以清贫简约规范自己。我死之后,下葬穿平常的衣服,用简单的棺材就行,只要表达你们的孝心就够了,刍灵冥器之类的随葬品一件也不要使用。

评说

源贺虽位尊爵显,却不以富贵骄人,对儿子教育十分严格。在这篇遗令中,告诫儿子要警惕骄傲贪婪等坏毛病,做到说话谨慎、行动恭敬、穿着合范,特别将"遏恶扬善,亲贤远佞"看作为官之要务,并提出"忠勤事君,清约临己"等建议。源贺在做人与为官方面的这番教导,既是其人生经验的深刻总结,更是对处于顺境中儿子的一种警示与鞭策。

清梁延年辑《圣谕像解》插图《葬制从俭》,讲述魏晋时期皇甫谧倡导丧事从简的故事

诫子崧（节录）

徐 勉

作者简介

徐勉（466～535），字修仁，东海郯（今山东郯城）人。南朝齐任尚书殿中郎。梁武帝萧衍时，任吏部尚书、中书令等要职。博通经史，勤于著述。谥号简肃。

原文

吾家世清廉，故常居
贫素❶，至于产业之事❷，所
未尝言，非直不经营而已❸。
薄躬遭逢❹，遂至今日，尊
官厚禄，可谓备之❺。每念
叨窃若斯❻，岂由才致❼，仰藉先代风范及以福
庆❽，故臻此耳❾。古人所谓"以清白遗子孙，
不亦厚乎❿。"又云："遗子黄金满籯，不如一
经⓫。"详求此言，信非徒语⓬。吾虽不敏，实有
本志⓭，庶得遵奉斯义⓮，不敢坠失。所以显贵

清《小石山房印苑》所辑
闲章《存心不可得罪于天地，
行事要留好样与子孙》

57

yǐ lái ⑮，将 三十 载，门人 故旧，亟荐 便宜 ⑯，或 使

chuàng pì tián yuán   huò quàn xīng lì dǐ diàn ⑰
创 辟 田 园，或 劝 兴 立 邸 店 ，

yòu yù zhú lú yùn zhì ⑱   yì lìng huò zhí jù liǎn ⑲
又 欲 舳 舻 运 致 ，亦 令 货 殖 聚 敛 。

ruò cǐ zhòng shì   jiē jù ér bú nà ⑳   fēi wèi
若 此 众 事，皆 距 而 不 纳 。非 谓

bá kuí qù zhī ㉑   qiě yù shěng xī fēn yún ㉒
拔 葵 去 织 ，且 欲 省 息 纷 纭 。

清花榜所篆闲章《按
六经而校德》

——《梁书·徐勉传》

注释

❶贫素：清贫朴素。❷产业：私人财产。❸非直：非但。❹薄躬：自身，谦辞。遭逢：遭逢际会。❺备：周到，完备。❻叨窃：侥幸得到。❼才致：凭才能获得。❽仰藉：仰望依靠。风范：教化，风气。及以福庆：以及幸福。❾臻：到达。❿以清白遗子孙，不亦厚乎：把清白留给子孙，不也是财富吗？语出《后汉书·杨震传》。⓫遗子黄金满籯，不如一经：留给儿子成筐黄金，还不如一部儒家经典。语出《汉书·韦贤传》。⓬信非徒语：确实不是空话。⓭本志：原来的志向。⓮庶得：希望能够。庶，希望。斯义：这些话的旨意。⓯显贵：显达尊贵，指做大官。⓰亟荐：屡次送上。便宜：合乎时宜的办法或建议。⓱邸店：古代兼有货栈、商店、客舍性质的场所。⓲舳舻运致：用船搞运输。舳舻，首尾相接的船只。⓳货殖聚敛：经商盈利，搜刮钱财。⓴距：同"拒"，拒绝。㉑拔葵去织：比喻为官清廉，不与民争利。春秋时，公仪休任鲁国相国，吃饭吃到自家种的葵菜，又看到妻子在织布，认为这样做是与民争利，于是拔掉自家的葵菜，并把妻子送回娘家。事见《史记·循吏列传》。㉒省息纷纭：停止纷争。

译文

我家世代清白廉洁，所以一直过着清贫朴素的生活，至于产业的

事情，不但从来没有经营过，也从未说起过。自身卑微的际遇，一直到今天，高官厚禄，可以说都有了。每次想到侥幸获得这些，哪是因为自己有才能，而是仰仗祖先的风范和福泽，才到了今天的地步。古人说："把清白留给子孙，不也是丰厚的遗产吗？"又说："留给儿子成筐黄金，还不如一部儒家经典。"仔细想想这些话，确实不是虚妄之词。我虽然不聪慧，却有自己的志向，希望能遵照这些教诲做事，从不敢有所失误。自从做高官以来，将近三十年，一些门生和老朋友都向我建议，或叫我多买田地，或劝我开设行栈，或要我买船搞运输，或让我经商赚钱。所有这些事，我一概拒绝而不采纳。不仅是说不与百姓争利，更是想省掉一些麻烦。

明涂时相编《养蒙图说》插图《暮夜四知》，讲述汉代杨震做人清白，夜晚拒绝接受学生王密赠送黄金的故事

古往今来，诸多父母留给子孙的往往是物质财富，这容易滋长奢侈之风和依赖心理，使他们丧失独立创业的勇气和能力。徐勉平时不经营产业，家里没什么积蓄，还常把俸禄分给族中的穷人。他认为把清白的家风和声名传给后代比什么都珍贵，这封诫子书体现了这一思想，并凸显了他清白吏的崇高形象，其嘉言懿行至今仍有借鉴意义。

幼 训（节录）

王 褒

作者简介

王褒（约513～576），字子渊，琅邪临沂（今属山东）人。南朝梁王规之子，北周文学家。梁元帝时官吏部尚书、左仆射。江陵被攻陷后，入北朝。北周时官小司空，出为宜州刺史而卒。原为梁宫廷诗人，在北朝文名颇高，与庾信齐名。

原文

陶士行曰❶："昔大禹不吝尺璧而重寸阴。"文士何不诵书，武士何不马射❷？若乃玄冬修夜❸，朱明永日❹，肃其居处，崇其墙仞，门无糅杂❺，坐阙号呶❻。以之求学，则仲尼之门人也❼；以之为文，则贾生之升堂也❽。古者盘盂有铭❾，几杖有诫❿，进退

清人绘《历代名臣像解》中的陶侃画像

60

xún yān fǔ yǎng guān yān wén wáng zhī shī yuē
循焉，俯仰观焉。文王之诗曰：
mǐ bù yǒu chū xiǎn kè yǒu zhōng lì
"靡不有初，鲜克有终❶❶。"立
shēn xíng dào zhōng shǐ ruò yī zào cì bì yú
身行道，终始若一。"造次必于
shì jūn zǐ zhī yán yú
是"❶❷，君子之言欤！

——《梁书·王规传》

注释

❶陶士行：即陶侃，字士行（或作士衡），东晋庐江浔阳（今江西九江西南）人。少孤贫，积功累迁至荆州刺史，封长沙郡公，都督八州军事。精勤吏职，常勉人珍惜分阴，为人称道。❷马射：骑马射箭。❸玄冬修夜：冬季长夜。玄冬，冬季。修夜，冬季夜长，故称修夜。❹朱明永日：夏季长昼。朱明，夏季。永日，夏季昼长，故称永日。❺糅杂：杂乱。❻号呶：喧闹声。❼仲尼：孔子，字仲尼。❽贾生：贾谊，西汉文学家，以政论文和赋著称。升堂：即升堂入室，指学问造诣精深，已达到一定深度。❾盘盂：盛物之器，圆者为盘，方者为盂，古人刻文于其上，或以记功，或以警省。❿几杖：几案或手杖。❶❶靡不有初，鲜克有终：语出《诗经·大雅·荡》，意思为不是没有好开端，而是很少能坚持到底。王褒指为《文王》篇，是错误的。❶❷造次必于是：语出《论语 里仁》，造次，急遽，匆忙。

清人绘《历代名臣像解》中的贾谊画像

61

陶侃说："从前大禹不爱惜尺璧而珍惜寸阴。"文人为何不努力读书，武士为何不练习骑马射箭呢？不论冬季的长夜，还是夏季的长昼，使其住处肃静，院墙加高，门前不杂乱，座上不喧哗。用这种方式求学，就可以算得上孔子的门徒；用这种方式写文章，就可以追上贾谊的水平。古时候人们在盘盂上刻有铭文，几案和手杖上刻有诚言，无论进退都可以遵循，俯仰之间都可以看到。《文王》诗中说："不是没有好开端，而是很少能坚持到底。"为人做事，要始终如一，正如孔子所说"匆忙紧迫时也应该这样"，这是君子的告诫之言哪！

评说

王褒以大禹不吝惜玉璧而珍惜短暂光阴教育子女，要珍惜时间，努力学习。只有勤学不懈，才能有孔子门徒那样的德行，才能有贾谊那样的文才。同时，告诫子女：为人处世，立身行道，应有始有终，要以极大的毅力和恒心，坚守德行，即使在匆忙之时和艰苦之境，也不可有丝毫懈怠。

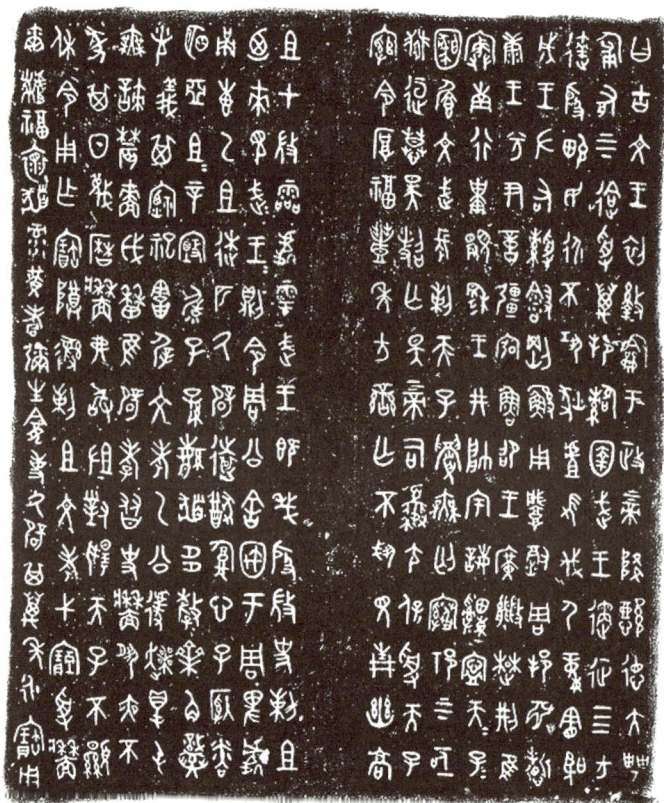

西周史墙盘铭文，记述西周文、武、成、康、昭、穆六王的重要史迹以及作器者的家世

jiào zǐ
教 子（节录）

颜之推

清罗聘绘《说文统系第一图》中的颜之推石刻画像

原文

shàng zhì bú jiào ér chéng　　xià yú suī jiào wú yì　　zhōng yōng zhī
上 智 不 教 而 成 ，下 愚 虽 教 无 益 ，中 庸 之

rén　　bú jiào bù zhī yě　　gǔ zhě　　shèng wáng yǒu tāi jiào zhī fǎ
人 ❶，不 教 不 知 也。古 者，圣 王 有 胎 教 之 法：

huái zǐ sān yuè　　chū jū bié gōng　　mù bù xié shì　　ěr bú wàng tīng
怀 子 三 月， 出 居 别 宫， 目 不 邪 视， 耳 不 妄 听，

yīn shēng zī wèi　　yǐ lǐ jié zhī　　shū zhī yù bǎn　　cáng zhū jǐn
音 声 滋 味， 以 礼 节 之 ❷。书 之 玉 版 ❸，藏 诸 金

kuì　　shēng zǐ hái tí　　shī bǎo gù míng　　xiào rén lǐ yì　　dǎo
匮 ❹。生 子 咳 嗁 ❺，师 保 固 明 ❻，孝 仁 礼 义，导

xí zhī yǐ　　fán shù zòng bù néng ěr　　dāng jí yīng zhì　　shí rén yán
习 之 矣。凡 庶 纵 不 能 尔 ❼，当 及 婴 稚， 识 人 颜

sè　　zhī rén xǐ nù　　biàn jiā jiào huì　　shǐ wéi zé wéi　　shǐ zhǐ zé
色， 知 人 喜 怒， 便 加 教 诲， 使 为 则 为， 使 止 则

zhǐ　　bǐ jí shù suì　　kě shěng chī fá　　fù mǔ wēi yán ér yǒu cí
止。比 及 数 岁 ❽，可 省 笞 罚。父 母 威 严 而 有 慈，

则子女畏慎而生孝矣。

吾见世间，无教而有爱⑨，每不能然⑩；饮

食运为⑪，恣其所欲⑫，宜诫翻奖⑬，应呵反笑⑭。

至有识知⑮，谓法当尔⑯。骄慢

已习⑰，方复制之，捶挞至死而

无威，忿怒日隆而增怨⑱。逮

于成长⑲，终为败德。孔子

云"少成若天性，习惯如自

然"是也。俗谚曰："教妇初

来，教儿婴孩。"诚哉斯语⑳！

清吴友如绘《慈母教子图》
（局部）

——《颜氏家训·教子》

注释

❶中庸之人：平常的人。❷礼：礼教，封建时代的社会规范和行为规范。❸玉版：玉版纸，古代一种优质纸张。❹金匮：金属制的柜子，用以收藏珍稀、贵重之物。❺咳嗯：孩提，婴儿。❻师保：太师、太保，都是辅导太子或王公世子读书的官员，有各种等级，通称师保。❼凡庶：庶民，一般百姓。尔：这样。❽比及：等到。❾爱：溺爱。❿然：认同。⑪运为：行为。⑫恣：放任，放纵。⑬翻：同"反"，反而。⑭呵：呵斥，斥责。⑮识知：懂事。⑯谓法当尔：以为道理就应该是这样。⑰骄慢已习：骄慢已经成为习惯。⑱隆：盛。⑲逮于：到了。⑳诚：正确。

清冷枚绘《闲庭教子图》

上智之人不用教育也能成才，下愚之人即使教育再多也毫无作用，平常之人不教育就不明白道理。古时候，圣明的君王实行胎教之法：王后怀孕三个月时，让她搬到别的宫殿居住，眼睛不能斜视，耳朵不许乱听，听音乐吃美味，都要按照礼法加以节制。然后将胎教之法写在玉版上，藏到金柜里。太子还在襁褓中时，太师、太保就阐明忠孝礼义，对他进行引导教育。普通百姓即使不能做到这些，也应在孩子还是婴儿的时候，刚刚懂得看人脸色，能识别他人喜怒，就严加教诲，让他做就做，让他停就停。等他长到几岁，就可少受鞭笞责罚。如果父母既威严又慈爱，子女自然敬畏谨慎而有孝心。

我见世上有些父母对子女不加教诲，只是一味溺爱，对此我不认同；对孩子的饮食起居和行为举止，任其为所欲为，该训诫时反而加以夸奖，该斥责时反而一笑了之。等孩子懂事后，以为道理就应该是这样。然而骄傲轻慢的习惯已经形成，这时再重新加以制止，即使将他捶打鞭挞至死，也树立不起威严，父母一天比一天愤怒，孩子对父母的怨恨也会越来越深。等孩子长大成人，最终会成为品德败坏的人。孔子所说"从小养成的性格就像天性，习惯以后就成为自然"是很有道理的。俗话说："教育媳妇要从刚进门时开始，教育子女要从婴儿时开始。"这话说得太对了！

天津杨柳青年画《三娘训子》，讲述明代薛广三娘王氏守节，教子成才的故事

教育孩子成败的关键，在于是否使子女养成良好习惯。要养成良好习惯，必须从小抓起。如果从小对孩子娇惯放纵，孩子就会盛气凌人，骄横跋扈，长大后也会不明事理，积习难除。为此，颜之推开宗明义提出早期教育的主张，并指出有爱无教的危害。该文观点鲜明，见解独到，旁征博引，说理透彻，颇具说服力，时至今日，仍值得我们借鉴、深思。

miǎn xué

勉学（节录）

颜之推

原文

zì gǔ míng wáng shèng dì yóu xū qín xué kuàng fán
自古明王圣帝，犹须勤学，况凡
shù hū cǐ shì biàn yú jīng shǐ wú yì bù néng zhèng zhòng
庶乎[1]！此事遍于经史，吾亦不能郑重[2]，
liáo jǔ jìn shì qiè yào yǐ qǐ qì wù rǔ ěr shì dà fū zǐ
聊举近世切要[3]，以启寤汝耳[4]。士大夫子
dì shù suì yǐ shàng mò bú bèi jiào duō zhě huò zhì lǐ
弟，数岁已上，莫不被教，多者或至《礼》
zhuàn shǎo zhě bù shī shī lún jí zhì guàn hūn
《传》，少者不失《诗》《论》。及至冠婚[5]，
tǐ xìng shāo dìng yīn cǐ tiān jī bèi xū xùn yòu yǒu zhì
体性稍定[6]，因此天机[7]，倍须训诱。有志
shàng zhě suì néng mó lì yǐ jiù sù yè wú lǚ lì zhě
尚者，遂能磨砺，以就素业[8]；无履立者[9]，
zì zī duò màn biàn wéi fán rén
自兹堕慢[10]，便为凡人。

rén shēng zài shì huì dāng yǒu yè nóng mín zé jì liàng gēng
人生在世，会当有业：农民则计量耕
jià shāng gǔ zé tǎo lùn huò huì gōng qiǎo zé zhì jīng qì yòng jì
稼，商贾则讨论货贿，工巧则致精器用，伎
yì zé chén sī fǎ shù wǔ fū zé guàn xí gōng mǎ wén shì zé
艺则沉思法术，武夫则惯习弓马，文士则
jiǎng yì jīng shū duō jiàn shì dà fū chǐ shè nóng shāng xiū wù gōng
讲议经书。多见士大夫耻涉农商[11]，羞务工
jì shè zé bù néng chuān zhá bǐ zé cái jì xìng míng bǎo shí
伎，射则不能穿札[12]，笔则才记姓名[13]，饱食

醉酒，忽忽无事，以此销日❶，以此终年。或因家世余绪❶，得一阶半级❶，便自为足，全忘修学；及有吉凶大事，议论得失，蒙然张口❶，如坐云雾；公私宴集，谈古赋诗，塞默低头❶，欠伸而已❶。有识旁观，代其入地❷。何惜数年勤学，长受一生愧辱哉！

——《颜氏家训·勉学》

注释

❶凡庶：平民百姓，普通人。❷郑重：频繁，烦言。❸切要：紧要的事项。❹启寤：启发，觉醒。寤，睡醒，觉悟。❺冠婚：冠即冠礼，古时男子二十岁时行加冠礼，表示成年。婚，婚娶。❻体性：个性。❼天机：天然时机。❽素业：平素的事业，指儒学。❾履立：举止，这里指操行。❿堕：同"惰"。⓫多：屡屡。⓬札：古代铠甲上的铁片。⓭笔：此处作动词，书写。⓮销：消磨。⓯余绪：家族余荫。⓰一阶半级：一官半职。⓱蒙然：茫然无知。⓲塞默：语塞，说不出话。⓳欠伸：打哈欠，伸懒腰。⓴入地：钻入地下，形容无地自容。

译文

自古以来的贤王圣帝，都需要勤奋学习，更何况是普通百姓呢！这类事经籍史书中多有记载，我不能一一列举，姑且举些近代的主要事例，来启发开导你们。士大夫的子弟，几岁以后，没有不接受教育的，多的已读到《礼记》《春秋三传》，少的起码也读了《诗经》《论语》。到了举行冠礼、婚礼的年龄，个性逐渐定型，更要利用这天然时机，加倍接受训导教诲。有志向的人，因此能刻苦磨砺，成就儒业；没有操守和毅力的人，从此怠惰，变为平庸之人。

人生在世，应该有自己谋生的职业：农民盘算谋划耕种，商人讨论发财之道，工匠致力精造器具，艺人潜心钻研技艺，武士练习骑马射箭，文人讲解研讨经书。然而常见到士大夫耻于务农、经商，羞于从事工匠、艺人职业，射箭不能穿透铠甲叶片，写字只能写自己姓名，吃饱喝足，百无聊赖，无所事事，消磨时光，虚度一生。有的凭借家世余荫，谋得一官半职，就自我满足，全然忘记研修学业；一旦遇上重大事件，评论得失，就糊里糊涂，张口结舌，如坐云雾之中；参加官府或私人宴会，人家谈古论今，吟诗作赋，他却低头不语，或者打哈欠伸懒腰。有见识的旁观者都感到羞愧，恨不得替他钻到地下去。为什么当初不花几年时间刻苦学习，而要一生遭受羞辱呢？

太平说

颜之推教育思想的一个积极方面，是主张人生在世，无论从事何种职业，都要学习。该文从正反两方面论述学习的益处，不学的危害，并针对当时某些不思学习，仅凭祖先余荫得到一官半职而自我满足的士大夫，提出严厉批评，可谓苦口婆心，语重心长。这就使该家训超出颜氏一门，凡为人子弟者，均应引以为训，值得借鉴。

清冷枚绘《养正图册》之《魏照学师》（局部），讲述东汉魏照潜心向郭泰学习的故事

训子语

郑善果母

作者简介

郑善果母崔氏，丈夫郑诚死于战场，当时仅二十岁。父亲劝其再嫁，崔氏独自抚养儿子长大成人。郑善果十四岁被封为武德郡公，仕隋为鲁郡太守，入唐为检校大理卿兼民部尚书。崔氏贤明，博览群书，通晓治道，郑善果的清廉和治绩，与母亲的教诲分不开。

原文

吾非怒汝，乃愧汝家耳。吾为汝家妇，获奉洒扫①，知汝先君忠勤之士也，在官清恪②，未尝问私，以身徇国③，继之以死，吾亦望汝副其此心④。汝既年小而孤，吾寡妇耳，有慈无威，使汝不知礼训，何可负荷忠臣之业乎⑤？汝自童子承袭茅土⑥，位至方伯⑦，岂汝身致之耶？安可不思此事而妄加嗔怒⑧，心缘骄乐⑨，堕于公政。内则坠尔家风⑩，或

清奚冈所篆闲章《清勤孝友》

wáng shī guān jué　　wài zé kuī tiān zǐ zhī fǎ　　yǐ qǔ zuì lì　　wú

亡失官爵；外则亏天子之法，以取罪戾❶。吾

sǐ zhī rì　　yì hé miàn mù jiàn rǔ xiān rén yú dì xià hū

死之日，亦何面目见汝先人于地下乎？

——《隋书·郑善果母传》

注释

❶洒扫：清除污秽，引申为管理家务。❷清恪：清廉恭敬。❸徇：遵从。
❹副：符合，相称。❺负荷：承担，肩负。❻茅土：皇帝的社稷坛备有五色土，
分封诸侯时，按封土所在方位，用茅草包取相应一种颜色的泥土，供受封者在
封国内建立社庙之用。后用"茅土"指封地，封王封侯。❼方伯：地方长官。
❽嗔怒：发怒。❾缘：因为。❿坠：败坏，丧失。⓫罪戾：罪过。

译文

　　我不是生你的气，而是觉得有愧于你们家。自从嫁到你们家作媳
妇，一直操持家务，知道你死去的父亲是一位忠贞勤勉之人，为官清
廉恭敬，很少过问家里的事，一心只想着国家大事，直到战死，我希
望你也能像他一样。你很小就失去父亲，我是个寡妇，只有慈爱而没
有威严，以致使你不知礼义，怎能担负忠臣的基业呢？你从小便承袭
父亲封爵，位至一方之长，难道是靠自身能力得来的吗？你怎能不想
想这些而任意发脾气，因为骄傲放纵，从而怠惰公务。这样内则败坏
家风，可能失去官位；外则不能执行法令，以致招来祸端。我死之后，
有何颜面去见你地下的先人呢？

评说

　　郑善果治理郡事有时缺乏公允，且常迁怒于人。母崔氏哭泣绝食，
善果跪于床前，不敢起来，崔氏便对儿子说了以上这番话，以家风父
范鞭策善果，要他制怨修身，勤于公事，清廉去私，可谓用心良苦。后
来，郑善果为官清廉，政绩卓然，与崔氏的谆谆教诲密不可分。

<ruby>遗<rt>yí</rt></ruby> <ruby>训<rt>xùn</rt></ruby>

李 勣

李勣（594～669），本姓徐，字懋功，曹州离狐（今山东菏泽）人，唐初大将。起初参加瓦岗军，失败后归唐，太宗赐姓李，封英国公。为将多谋善断，爱护将士，人皆效命，作战多捷。

作者简介

清殿藏本李勣画像

原文

我即死，欲有言，恐悲哭不得尽，故一诀耳❶！我见房玄龄、杜如晦、高季辅皆辛苦立门户❷，亦望诒后❸，悉为不肖子败之。我子孙今以付汝，汝可慎察，有不厉言行、交非类者❹，急榜杀以闻❺，毋令后人笑吾，犹吾笑房、杜也。

清殿藏本房玄龄画像

——《新唐书·李勣传》

❶诀：诀别。❷房玄龄：唐初大臣，长期执政，与杜如晦、魏徵同为唐太宗重要助手，封梁国公。房玄龄次子遗爱娶太宗女合浦公主为妻，后公主与遗爱谋反，遗爱被处死，公主被赐死，长子遗直被废为贫民。杜如晦：唐初大臣，与房玄龄共掌朝政，制定各种典章制度。杜如晦之子杜荷娶太宗女城阳公主，与太子承乾谋反被杀，其兄杜构受牵连被流放。高季辅：早年参加农民起义，归唐后为唐高宗东宫属官，高宗时任宰相。其子正业因受上官仪案牵连被贬。❸诒：同"贻"，遗留，送给。❹厉：检点。❺榜：打人用的板子或刑杖，引申为捶击，鞭打。

译
文

　　我快要死了，有话要说，怕悲哀哭泣不能说完，所以找大家来诀别。我见房玄龄、杜如晦和高季辅都辛辛苦苦建立门户，希望传给后人，但都被不肖子孙败坏了。现在我把子孙托付给你，你要慎重地考察他们，如果有行为不检点或者与坏人交往的，马上打死，再报告皇上，不要让后人讥笑我，就像我讥笑房玄龄、杜如晦一样。

评说

　　这段话是李勣临终前对弟弟李弼说的一番话。他以房玄龄、杜如晦和高季辅后人败家的惨痛教训教育子孙，要他们约束自己的言行，不与坏人交往，才不至于落得家败身亡的后果，值得后人借鉴。

清梁延年辑《圣谕像解》插图《煮粥然须》，讲述李勣亲自为生病的姐姐煮粥，不慎烧着胡须的故事

^{jiè huáng shǔ}
诫 皇 属

李世民

李世民（599～649），即唐太宗，在位期间，推行均田制、租庸调制和府兵制度，并加强对官吏的考核。又修《氏族志》，发展科举制度。任用贤人，虚心纳谏。当时社会经济有所恢复，被誉为"贞观之治"。

作者简介

宋佚名绘唐太宗半身像

原文

太宗尝谓皇属曰：朕即位十三年矣，外绝游观之乐，内却声色之娱。汝等生于富贵，长自深宫。夫帝子亲王，先须克己。每著一衣，则悯蚕妇❶；每餐一食，则念耕夫。至于听断之间❷，勿先恣其喜怒❸。朕每亲临庶政❹，岂敢惮于焦劳❺。汝等勿鄙人短，勿恃己长，乃可永久富贵，以保贞吉。先贤有言："逆吾

清《学山堂印谱》所辑闲章
《非我而当者吾师也》

zhě shì wú shī   shùn wú zhě shì wú zéi   bù kě bù chá yě

者是吾师，顺吾者是吾贼。"不可不察也。

——《戒子通录》

注释

❶悯：体恤。❷听断：处理案件。❸恣：放纵。❹庶政：各种政务。❺惮：害怕。

译文

　　唐太宗曾经对皇属们说：我在位十三年了，在外谢绝游览观赏之乐，在内摒弃歌舞女色之娱。你们生在富贵之家，长在深宫之内。作为帝子亲王，先要学会克制自己。每穿一件衣服，都要体恤蚕妇的辛勤；每吃一顿饭，都要想到农夫的劳苦。至于处理案件，不可听任自己的喜怒。我每每亲自处理各种政务，哪敢害怕劳累辛苦。你们不可鄙视别人的短处，也不要倚仗自己的长处，只有这样才能长久富贵，终身吉祥。先贤曾说过："敢于揭我短处的是老师，一味顺从我的是贼子。"不可不明察呀！

唐狮纹金花银盘

评说

　　尽管唐太宗很英明，但皇属们总惹麻烦，令他很伤脑筋，因此作此家训进行警示教育。他要求皇属们克制自己，不可胆大妄为，自取毁灭；同时要求他们穿衣吃饭，都不要忘记蚕妇农夫的辛勤劳苦，懂得爱惜民力；还要他们处理案件不可感情用事，应虚心听取不同意见，"逆吾者是吾师，顺吾者是吾贼"已成为千古至理名言。

75

帝范·纳谏篇

李世民

原文

夫王者，高居深视，亏聪阻明❶，恐有过而不闻，惧有阙而莫补❷。所以设鞀树木❸，思献替之谋；倾耳虚心，伫忠正之说❹。言之而是，虽在仆隶刍荛❺，犹不可弃；言之而非，虽在王侯卿相，未必可容。其议可观，不责其辩；其理可用，不责其文。至若折槛坏疏❻，标之以作戒；引裾却坐❼，显之以自非。故忠者沥其心❽，智者尽其策。臣无隔情于上，君能遍照于下。昏主则不然。说者拒之以威❾，劝者穷之以罪❿。大臣惜禄而莫谏，小臣畏诛而不言。恣景

清梁延年辑《圣谕像解》插图《亲赐帝范》，讲述唐太宗将《帝范》亲自送给太子的场景

76

　　魏徵是唐代著名谏臣，曾提醒唐太宗要"居安思危，戒奢以俭"。一日，太宗得到一只极好的鹞子，正在玩耍，恰逢魏徵来奏事，太宗怕魏徵看见，把鹞子藏在怀中，时间一久，竟把鹞子闷死了。此图为清人绘《帝鉴图说》之《敬贤怀鹞》，讲述了太宗和魏徵之间的这个故事虐之心，极荒淫之志，其为壅塞⑪，无由自知。以为德超三皇，才过五帝。至于身亡国灭，岂不悲矣！此拒谏之恶也。

——《唐太宗集》

注释

❶亏：亏损。❷阙：缺点。❸设鞀树木：大禹时，设置鼗鼓（一种有柄的小鼓），对百姓说，有诉讼和不平，可以摇鼗鼓。帝尧时，竖立谤木，让人们在上面写谏言。❹仛：同"贮"，积聚。❺刍荛：割草打柴的人。❻折槛：汉槐里令朱云朝见成帝时，请赐剑以斩佞臣安昌侯张禹。成帝大怒，命人将朱云拉出去斩首。朱云攀住殿上的栏杆，大声呼喊，栏杆被他拉断。经左将军辛庆忌劝解，朱云得以免罪。后来要修理栏杆，成帝命保留原貌，以表彰朱云直谏。坏旒：战国魏文侯乐师师经，进谏时以琴击魏文侯，打断其王冠上的玉串。魏文侯不仅听从谏言，还把琴悬于城门，玉串也不修补，以此警诫自己。❼引裾：三国辛毗劝谏魏文帝不要迁徙冀州人口到河南，魏文帝不听，辛毗便拉住他的衣襟。最终，魏文帝听从辛毗的建议。却坐：西汉袁盎个性刚直，敢言直谏。曾劝谏汉文帝注重名分等级，不让宠妃慎夫人与皇后同坐，得到慎夫人奖赏。❽沥：下滴，引申为忠心。❾威：威势。❿穷：穷尽。⑪壅塞：遮蔽，蒙蔽。

清彩绘本《帝鉴图说》之《谏鼓谤木》（局部），讲述帝尧在门外设谏鼓谤木，广开言路的故事

译文

君王生活在深宫之中，不能看到所有的东西，不能听到所有的声

音，唯恐有过失不能听到，惧怕有缺点不能补救。因此，大禹时设置敔鼓，帝尧时竖立谤木，目的是能够吸纳正确意见；侧耳倾听，虚心纳谏，为的是积聚正直之言。说得正确，即便是草民奴仆，也不能弃用；说得不正确，哪怕是王侯卿相，也不能包容。道理合乎大义，不必苛责辩词巧拙；事理可以采用，何必在意文采华丽。至于朱云因进谏折断栏杆，师经为劝谏打断玉串，汉成帝和魏文侯命人保持原貌，以示警诫；辛毗为说服魏文帝，不惜拉扯他的衣襟，袁盎进言汉文帝，不让慎夫人与皇后同坐，为的是使君主能看到自己的过错。这样，忠臣可以尽其忠心，智者可以尽献其策。臣子对君主无隐瞒之情，君主的光辉则普照天下。昏庸的君主却不是这样。用威势拒绝说服者，用罪责惩罚劝说者。大臣为保全俸禄不敢进谏，小臣因害怕杀头不敢直言。君主放纵暴虐之心，极尽荒淫之志，自己蒙蔽自己，看不到过失。还以为自己的德行超过三皇，才能胜过五帝。最终身死国灭，难道不可悲吗？这就是拒绝纳谏的恶果。

太平说

唐太宗教育儿子李治：自古以来，贤明的君王都重视纳谏，给臣下进谏的机会，不管进谏者是谁，才辩、文章如何，只要言论有益即可，这样才能使"忠者沥其心，智者尽其策"。昏君则不然，不准别人开口，想方设法掩饰自己的过错，最后导致国灭身亡。人们常说"良药苦口利于病，忠言逆耳利于行"，只有听得进批评意见，及时改正缺点和错误，才能使人进步。

清彩绘本《帝鉴图说》之《蓄槛旌直》（局部），讲述朱云拼死直谏，折断栏杆，汉成帝为表彰其忠直，不让人修葺栏杆的故事

帝范·崇俭篇

李世民

原文

夫圣代之君❶，存乎节俭。富贵广大，守之以约❷；睿智聪明，守之以愚。不以身尊而骄人，不以德厚而矜物❸。茅茨不剪❹，采椽不斫❺，舟车不饰，衣服无文❻，土阶不崇❼，大羹不和❽。非憎荣而恶味，乃处薄而行俭。故风淳俗朴，比屋可封❾，此节俭之德也。

斯二者，荣辱之端，奢俭由人，安危在己。五关近闭，则令德远盈❿；千欲内攻，则凶源外发⓫。是以丹桂抱蠹，终摧耀日之芳⓬；朱火含烟，遂郁凌云之焰⓭。故知骄出于志，不节则志倾；欲生于身，不遏则身丧。

清汪斌所篆闲章《节俭者，不竭之源》

80

gù jié　　　zhòu sì qíng ér huò jié ⓮　yáo　shùn yuē jǐ ér fú yán ⓯

故桀、纣肆情而祸结⓮，尧、舜约己而福延⓯。

kě bú wù hū

可不务乎？

——《唐太宗集》

注释

❶圣代：太平盛世。❷约：节俭。❸矜：夸耀。❹茅茨：茅草屋顶。❺采：栎木。椽：放在檩子上架屋瓦的木条。斫：砍，削。❻文：华丽。❼土阶：土台阶，指居室简陋。❽大羹：肉汁。和：调和。❾比屋可封：贤人很多，每家都有可受封爵的德行。比，并排而居。❿五关：耳、目、口、鼻、身。令德：美德。⓫千欲：千种嗜欲。⓬蠹：蠹虫，蛀虫。⓭郁：阻滞。⓮桀：夏代国君，暴虐荒淫，前1600年被商汤击败，出奔南巢，夏朝灭亡。纣：商代最后国君，统治暴虐，生活奢靡。武王伐纣，商卒倒戈，纣自焚而死。肆情：纵肆情义。祸结：酿成大祸。⓯尧：传说中父系氏族社会后期部落联盟领袖。相传曾命羲和掌管时令，制定历法。咨询四岳，选舜为其继位人。对舜考核三年后，命舜摄位行政。死后由舜继位，史称"禅让"。舜：传说中父系氏族社会后期部落联盟领袖。相传因四岳推举，尧命其摄政。他巡行四方，除去共工、骓兜、三苗、鲧等人。尧去世后继位，挑选贤人，治理民事，并选拔治水有功的禹为继承人。福延：福泽延绵。

清人绘《帝鉴图说》插图《脯林酒池》，讲述夏桀作酒池肉林，过着荒淫生活的故事

身处太平盛世的君主，心中常存节俭的美德。富有四海，贵为天子，能安于节俭而不奢侈；思虑深广，聪慧明审，能安于愚拙而不自恃。不因身份尊贵而看不起人，不以恩德厚重而夸耀功劳。茅草盖的屋顶不去修剪，栎木制的椽子不作砍削，舟车不加装饰，衣服没有花纹，土筑的台阶不高，肉汁不加调料。他们并不是讨厌荣华富贵，不喜欢美味食物，而是倡导淡薄节俭。国君率先垂范，所以当时的风俗淳朴，德行高尚的人随处可见，这是躬行节俭带来的好处。

奢侈和节俭，是荣耀与耻辱的开端，奢侈和节俭由人自己决定，其结果可能影响自身安危。五官贪欲收敛，则美德充盈；千种欲望内攻，则凶事外现。因此，丹桂内的蛀虫虽然很小，却能把树蛀死（终损荣芳）；红色火苗中的烟尘虽然细微，却可能遏制冲天的火焰。由此可知，骄奢由人的意志决定，不节制就会使意志消沉；欲望产生于自身，不遏制就会导致身死。所以桀、纣放纵自己，最终酿成大祸；尧、舜修身自律，从而福泽绵长。能不努力躬行节俭吗？

历代明君贤相和有识之士，无不崇尚节俭，力戒奢侈。唐太宗后期曾大兴土木，建造宫殿，给百姓带来疾苦。他晚年认识到这一点，所以特别提出崇尚节俭，作为帝范的重要内容，这是他的经验之谈。节俭对于一个国家来说十分重要，对一般人家也不可或缺，值得家长和孩子认真对待。

明焦竑著《养正图解》插图《弓矢喻政》，讲述唐太宗严于律己的故事

jiè zǐ

诫子

崔玄時母

作者简介

崔玄時（639 ~ 706）：唐代博陵安平（今河北安平）人。遵从母亲劝诫，为官清正廉洁。唐中宗时任中书令，武则天时封博陵郡王。后被贬官降职，授白州司马，死在路上。其子孙清廉正直，形成崔氏家风，与崔母的训诫密不可分。

原文

wú jiàn yí xiōng tún tián láng zhōng xīn xuán yù yún ér zǐ
吾见姨兄屯田郎中辛玄驭云[1]："儿子
cóng huàn zhě yǒu rén lái yún pín fá bù néng cún cǐ shì hǎo xiāo
从宦者[2]，有人来云贫乏不能存，此是好消
xī ruò wén zī huò chōng zú yī mǎ qīng féi cǐ è xiāo xī
息。若闻资货充足，衣马轻肥，此恶消息。"
wú cháng zhòng cǐ yán yǐ wéi què lùn bǐ jiàn qīn biǎo zhōng shì
吾常重此言，以为确论。比见亲表中仕
huàn zhě duō jiāng qián wù shàng qí fù mǔ fù mǔ dàn zhī xǐ yuè
宦者[3]，多将钱物上其父母，父母但知喜悦，
jìng bú wèn cǐ wù cóng hé ér lái bì shì lù fèng yú zī chéng yì
竟不问此物从何而来。必是禄俸余资，诚亦
shàn shì rú qí fēi lǐ suǒ dé cǐ yǔ dào zéi hé bié zòng wú dà
善事；如其非理所得，此与盗贼何别？纵无大
jiù dú bú nèi kuì yú xīn mèng mǔ bú shòu yú zhǎ zhī kuì
咎[4]，独不内愧于心？孟母不受鱼鲊之馈[5]，
gài wèi cǐ yě rǔ jīn zuò shí lù fèng róng xìng yǐ duō ruò qí
盖为此也。汝今坐食禄俸[6]，荣幸已多，若其
bù néng zhōng qīng hé yǐ dài tiān lǚ dì kǒng zǐ yún suī rì
不能忠清，何以戴天履地[7]？孔子云："虽日

杀三牲之养❽，犹为不孝。"又曰："父母惟其
疾之忧。"特宜修身洁己，勿累吾此意也❾。

——《旧唐书·崔玄暐传》

注释

❶姨兄：表兄。❷从宦：做官。❸比：近来。❹咎：罪过，过失。❺孟母：三
国时期孟仁的母亲。孟仁，即孟宗，字恭武，三国时吴国江夏（今湖北鄂城）人。
以孝闻名四方，后官至司空。鲊：腌鱼。馈：送食物给人吃。❻坐食：不劳而食。
❼戴天履地：立身天地之间。戴，尊奉。履，踩踏。❽三牲：牛、羊、猪。❾累：
妨碍，损害。

译文

我曾听表兄屯田郎中辛玄驭说："儿子做官的，有人来说他贫困
得无法生活，这是好消息。如果说他财货充足，轻裘肥马，便是坏消
息。"我很重视这些话，以为是确切不移之论。近来看到亲表中做官
的，多将钱物送与父母，父母只知道高兴，竟不问钱物从何而来。如
果是薪俸剩下来的钱，固然是好事；如果是不正当的收入，这与盗贼有
什么区别呢？即便没有大的罪过，难道心里不感到惭愧吗？三国时孟
仁的母亲不接受儿子送她的腌鱼，就是这个原因。你现在坐食国家俸
禄，已十分荣幸，如果不尽忠清廉，何以立身天地之间？孔子说："即
使每天杀牛、羊、猪来奉养父母，还是不孝。"又说："做父母的只担心
儿子的疾病。"你要修养身心，保持廉洁，不要违背我的这番心意呀！

评说

辛玄驭认为，儿子做官穷得没法儿生活是好消息，财货充足倒成
了坏事，这听起来有些不近人情，但细想却很有道理。在日常生活中，
有些人总是希望子女财富越多越好，不问财富来源，对利用职务之便
谋私肥己的行为也不加指责，这便会使他们的私欲膨胀，最终身败名
裂。崔母教子的这番话，值得人们深思。

守政帖

颜真卿

颜真卿（709~784），字清臣，京兆万年（今陕西西安）人。唐代书法家。开元进士，任殿中侍御史。因被杨国忠排斥，出为平原太守。历官至吏部尚书，太子太师，封鲁郡公。德宗时，李希烈叛乱，被派往劝谕，为李希烈杀害。书法初学褚遂良，后从张旭，正楷端庄雄伟，行书遒劲郁勃，开创新风格，人称"颜体"。

作者简介

清殿藏本颜真卿画像

原文

政可守❶，不可不守。吾去岁中言事得罪❷，又不能逆道苟时❸，为千古罪人也。虽贬居远方，终身不耻❹。汝曹当须会吾之志❺，不可不守也。

唐花鸟人物螺钿铜镜

——《颜鲁公文集》

85

❶政：同"正"，刚正，正气。❷言事得罪：因上书说事而获罪。❸逆道苟时：违背道义，苟合时俗。❹不耻：不以为耻。❺会：领会。

译文

刚正之气一定要坚守，不可以不坚守。我去年因为敢于直言上书而获罪，又不想违背道义，苟合时俗，因而成了千古罪人。虽然被贬官远方，但终身不以为耻。你们应当领会我的意志，不可以不坚守刚正之气。

评说

颜真卿为人刚正忠直，虽屡受权奸迫害，却始终没有悔意。此帖是他将去贬所时告诫儿子的手书，虽字数不多，却充分体现了他刚正不阿的性格。帖中要求子孙理解他不向邪恶势力低头的坚定意志，坚守刚正之气。这种品质弥足珍贵，值得效法。

颜杲忠

公墓在曲阜相傅公沒於賊縊者收瘗之賊平其家遷葬還啟殯顏色如生握拳不開爪透手背觀者異之又傅偃師尓有公墓一碑陰刻米芾書云公之使賊也謂餒者曰吾昔江南遇道士陶八八授以刀圭碧霞服之可不死且云七十後有大厄當會我於羅浮此行幾是後公薨偃師北山有賈人卜日開壙棺已空矣二説皆以公沒為仙云公平生立朝正色剛而有禮天下皆不以姓名稱獨曰魯公魯公善正草書筆力遒婉為世所寶也守家蒼頭識公書大鷥家人至南海見道士貌家及造訪則塑

清上官周绘《晚笑堂画传》中的颜真卿画像

符读书城南

韩愈

韩愈（768～824），字退之，河南河阳（今河南孟州）人。唐代文学家、哲学家。政治上反对藩镇割据，思想上尊儒排佛。反对六朝以来的骈偶文风，提倡散体，与柳宗元同为古文运动的倡导者，并称"韩柳"。散文气势雄健，被列为唐宋八大家之首。其诗风奇崛雄伟，力求新颖，对宋诗影响颇大。诗与孟郊齐名，并称"韩孟"。

作者简介

清殿藏本韩愈画像

原文

木之就规矩❶，在梓匠轮舆❷。人之能为人，由腹有诗书。诗书勤乃有，不勤腹空虚。欲知学之力，贤愚同一初。由其不能学，所入遂异闾❸。两家各生子，提孩巧相如❹。少长聚嬉戏，不殊同队鱼❺。年至十二三，头角稍相疏。二十渐乖张❻，清沟映污渠❼。三十骨骼成，乃一龙一猪。飞黄腾踏去，不能顾蟾蜍❽。一为马前卒，鞭背生虫蛆❾。一为公

87

与相，潭潭府中居❿。问之何因尔，学与不学欤。金璧虽重宝，费用难贮储。学问藏之身，身在则有余。君子与小人，不系父母且⓫。不见公与相，起身自犁锄。不见三公后，寒饥出无驴。文章岂不贵，经训乃菑畬⓬。潢潦无根源⓭，朝满夕已除。人不通古今，马牛而襟裾⓮。行身陷不义，况望多名誉。时秋积雨霁，新凉入郊墟。灯火稍可亲，简编可卷舒⓯。岂不旦夕念，为尔惜居诸⓰。恩义有相夺⓱，作诗劝踌躇⓲。

——《韩昌黎全集》

注释

❶就：按。❷梓匠：木匠。轮舆：造车工人。❸所入：所走的道路、门径。异间：异路。❹提孩：孩提。巧：乖巧，聪明。❺不殊同队鱼：同一鱼群中的鱼一样，看不出有什么特殊。❻乖张：分离，差别。❼清沟映污渠：清冽的沟水与污浊的渠水显得不同。❽蟾蜍：癞蛤蟆。❾鞭背生虫蛆：背脊被鞭打以致生蛆。❿潭潭：宽深，广大。⓫且：语气词。⓬菑畬：除草开荒。⓭潢潦：地上流淌的雨水。⓮襟裾：名词动用，穿衣服。⓯简编：书籍。⓰居诸：时光，岁月。⓱夺：失误，遗漏。⓲踌躇：徘徊不前，犹豫不决。

　　木材能按照圆规曲尺做成器具，是因为木工和匠人的辛勤劳动。人之所以能成为真正的人，是饱读诗书的缘故。书中知识只有通过勤学才能获得，不勤学肚子里就空虚无物。要知道一开始人的学习能力都一样，并无贤愚之分。因为有人不能勤学，所走的道路也就不同。两家各生儿子，年幼时一样聪明。年岁稍大在一起玩耍嬉戏，就像一鱼群中的鱼一样。长到十二三岁，每人的表现才稍有不同。到二十岁变得差别很大，如同清沟与污渠一样对照明显。到三十岁已长大成人，区别如龙和猪一样大。好的飞黄腾达而走，看不到癞蛤蟆一样的同伴。一个成为马前的走卒，背脊被鞭打以致生蛆。一个成为王公宰相，住在深深的官府之中。问他们为何有如此大的不同，原因就在于勤学与否。黄金璧玉虽是贵重宝货，但很快消费而难以储存。学问藏在自己身上，不管到哪儿都用之有余。做君子还是当小人，与父母留多少财产关系不大。难道没见过自古以来的三公宰相，哪一个不是出身犁锄之家。难道没见过三公的后人，忍饥受寒出门连头驴都没有。文章哪能说不贵重，经书古训你要好好去苦读。积水池如果没有水源，早晨满了晚上就会干涸。人不通晓古今事理，就像牛马穿着人的衣服。为人处世陷于不仁不义之中，哪还会奢望得到众多的名声和赞誉。现在秋天阴雨初停，郊外天气变得逐渐凉爽。正好可以趁着夜晚的灯光，打开书卷加紧研读。哪能不朝朝暮暮挂念你，希望你能珍惜大好光阴。我对你的爱护多有不周之处，作这首诗来勉励徘徊不前的你。

唐黑釉三彩马

　　这是一首韩愈劝说儿子韩符要以读书为本的诫诗。韩愈认为，人之所以为人，在于腹中有学问，而学问要靠勤奋读书获得。他指出，人生之初，并无贤愚之分，长大之后成龙变猪，就在于学与不学，因而告诫儿子要珍惜光阴，读书以识礼。这篇寥寥三四百字的短文，语言生动，比喻形象，说理透彻，发人深省。

狂言示诸侄

kuáng yán shì zhū zhí

白居易

清人绘白居易画像

白居易（772～846），字乐天，晚年号香山居士。唐代诗人。祖籍太原，后迁居下邽（今陕西渭南北）。唐德宗贞元间进士，官至刑部尚书。文学上积极倡导新乐府运动，主张"文章合为时而著，歌诗合为事而作"，反对"嘲风雪，弄花草"而别无寄托的作品。其诗语言通俗，相传老妪也能听懂。和元稹友谊甚笃，世称"元白"；晚年与刘禹锡唱和甚多，人称"刘白"。

原文

世欺不识字❶，我禀攻文笔❷。世欺不得官，我禀居班秩❸。人老多病苦，我今幸无疾。人老多忧累，我今婚嫁毕❹。心安不移转，身泰无牵率❺。所以十年来，形神闲且逸。况当垂老岁，所要无多物。一裘暖过冬，一饭饱终日。勿言宅舍小，不过

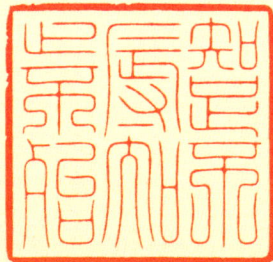

清《学山堂印谱》所辑闲章《知足不辱，知止不殆》

寝一室⑥。何用鞍马多，不能骑两匹。如我优
幸身⑦，人中十有七。如我知足心，人中百
无一。傍观愚亦见⑧，当己贤多失。不敢论他
人，狂言示诸侄。

——《白香山集》

注释

❶欺：欺负，看不起。❷忝：有愧于，自谦词。❸班秩：位列领俸禄的人，即
做官。班，位列。秩，官吏的俸禄。❹婚嫁毕：此处用的是"向平愿了"的典
故，东汉光武帝时，向平子女婚嫁已毕，遂不问家事，出游名山大川，不知所
终。❺牵率：牵连。❻寝：住。❼优幸：幸运。❽傍观：旁观。

清关槐绘《香山九老图卷》（局部），讲述白居易等九位文人墨客在河南洛阳香山聚会宴游的故事

世人多看不起不识字的人，我却有幸懂得作文章。世人多看不起不做官的人，我却有幸属于官员一分子。人老之后往往多疾病痛苦，我如今却幸运地无病无疾。人老之后往往多忧思劳累，我很幸运儿女婚事全都操办完毕。心情平静不为世事所转移，身体健康没有什么牵挂。所以十年以来，身体和心理都悠闲安逸。况且人垂垂老矣，不需要更多的物质享受。一件皮衣可温暖过冬，一顿饭菜可饱食终日。不要说住宅小，人不过睡一室足矣。何必用那么多鞍马，你又不能骑上两匹而行。像我这样幸运的人，十人中就有七人。但像我这样知足的人，百人中可能没有一个。旁观的人即使愚钝也会有自己的见解，事情到了自己身上，即使贤者也会有失误的地方。我不敢以此论教育他人，只是把这些狂言告诉这些侄子。

这首诗是白居易写给侄子们的。白居易仕途坎坷，屡遭贬谪，后期人生态度转向追求独善其身。该诗将其人生主旨渗透到教子生活中，阐明自己知足常乐的处世哲学，要求侄子们懂得知足，不要去追名逐利，贪得无厌，采用言传身教的方式，希望晚辈能从自身经历中获得启示。白居易的诗语言通俗，老妪能懂，该诗也有这一特点。

近代黄山寿绘《老妪解诗》，讲述白居易写诗通俗易懂，连上年纪的老婆婆都能理解的故事

huì zǐ dì yán

诲子弟言

朱仁轨

作者简介

朱仁轨（生卒年不详），字德容，号孝友，唐亳州（今属河南）人。终身隐居，奉养双亲。死后私谥孝友先生。

原文

zhōng shēn ràng lù， bù wǎng bǎi bù；zhōng shēn ràng pàn，
终身让路，不枉百步❶；终身让畔❷，

bù shī yí duàn。 fú cí ràng zhī xīn， rén jiē yǒu zhī， tuī ér xíng
不失一段。夫辞让之心，人皆有之，推而行

yān， yú jǐ jì wú dà sǔn， ér yòu néng gé bó cóng hòu， yì hé
焉，于己既无大损，而又能革薄从厚❸，亦何

dàn ér bù wéi yě。
惮而不为也❹。

——《戒子通录》

注释

❶枉：委屈，吃亏。❷畔：田地界线。❸革：改变，革除。❹惮：害怕。

译文

一辈子给别人让路，也不会多走百步；一辈子给人让田界，也不会损失多少田地。辞让之心，人人都有，推广并施行，对自己不仅没有大的损失，还能改变轻薄之风，使人们变得厚道，有何畏惧而不去做呢？

评说

朱仁轨主张“让”字当头，以此修养品行，训诫子女。在这段文字中，他以“让路”“让畔”为比喻，说明即使吃亏，也是极有限的。如果能如此谦让，便可与他人和睦相处，避免产生一些不必要的纠纷。虽言简意赅，却值得深思。

诫子弟

jiè zǐ dì

王旦

作者简介

王旦（957～1017），字子明，北宋大名莘县（今属山东）人。宋真宗景德三年（1006）担任宰相，曾拒绝契丹、西夏钱粟之请。不凭主观臆断，举荐多厚重之士，寇准屡加非议，却常称誉寇准。因病罢相后，推荐寇准继任。

原文

我家盛名清德，当务俭素❶，保守门风，不得事于泰侈❷，勿得厚葬，以金玉置柩中❸。

wǒ jiā shèng míng qīng dé，dāng wù jiǎn sù，bǎo shǒu mén fēng，bù dé shì yú tài chǐ，wù dé hòu zàng，yǐ jīn yù zhì jiù zhōng

——《宋史·王旦传》

注释

❶俭素：节俭朴素。❷泰侈：骄纵奢侈。❸柩：装有尸体的棺材。

译文

我家素有美好名声和清高德行，应当注意节俭朴素，保持这种门风，不可骄纵奢侈，不得厚葬，把金银珠宝放到棺材里。

评说

王旦在家训中告诫儿子要保持节俭朴素家风，不可骄纵奢侈，不得厚葬。作为位极人臣的宰相，在盛行厚葬、崇尚骄奢的封建时代，他能以身作则，崇尚节俭，并反复告诫儿子，实在是难能可贵。

告诸子及弟侄

范仲淹

范仲淹（989～1052），字希文，苏州吴县（今江苏苏州）人。北宋政治家、文学家。大中祥符进士，有敢言之名。庆历年间执行新政，因保守派反对而不能实现。工于诗词散文，所作文章富于政治内容，《岳阳楼记》为千古名篇。

原文

吾贫时，与汝母养吾亲，汝母躬执爨而吾亲甘旨❶，未尝充也。今得厚禄，欲以养亲，亲不在矣。汝母已早世，吾所最恨者，忍令若曹享富贵之乐也❷。

吴中宗族甚众❸，于吾固有亲疏，然以吾祖宗视之，则均是子孙，固无亲疏也。苟祖宗之意无亲疏，则饥寒者吾安得不恤也❹。自祖宗来积德百余年，而始发于吾，得至大官，若独享富贵而不恤宗族，异日何以见祖宗于地下，今何颜以入家庙乎❺？

京师交游，慎于高议，不同当言责之地❻。

且温习文字，清心洁行，以自树立平生之称。

当见大节，不必窃论曲直，取小名招大悔矣。

就师少往还，凡见利处，便须思患。

老夫屡经风波，惟能忍穷，故得免祸。

大参到任❼，必受知也。惟勤学奉公，勿忧前路。慎勿作书求人荐拔，但自充实为妙。

将就大对❽，诚吾道之风采，宜谦下兢畏，以副士望❾。

青春何苦多病，岂不以摄生为意耶❿？

贵富享戒

明涂时相编《养蒙图说》插图《戒享富贵》，讲述范仲淹教育儿子克勤克俭，不要贪图享乐的故事

mén cái qǐ lì zōng zú wèi shòu cì yǒu wén xué chēng yì wèi wéi guó jiā
门才起立，宗族未受赐，有文学称，亦未为国家

suǒ yòng qǐ kěn xún cháng rén zhī qíng qīng qí shēn gǔ qí zhì zāi
所用，岂肯循常人之情，轻其身汩其志哉⑪！

xián dì qǐng kuān xīn jiāng xī suī qīng pín dàn shēn ān wéi
贤弟请宽心将息⑫，虽清贫，但身安为

zhòng jiā jiān kǔ dàn shì zhī cháng yě shěng qù rǒng kǒu kě yǐ
重。家间苦淡，士之常也，省去冗口可矣⑬。

qǐng duō zhù gōng fū kàn dào shū jiàn shòu ér kāng zhě wèn qí suǒ
请多著工夫看道书⑭，见寿而康者，问其所

yǐ zé yǒu suǒ dé yǐ
以，则有所得矣。

rǔ shǒu guān chù xiǎo xīn bù dé qī shì yǔ tóng guān hé mù duō
汝守官处小心不得欺事，与同官和睦多

lǐ yǒu shì zhǐ yǔ tóng guān yì mò yǔ gōng rén shāng liáng mò
礼，有事只与同官议，莫与公人商量⑮，莫

zòng xiāng qīn lái bù xià xīng fàn zì jiā qiě yí xiàng qīng xīn zuò
纵乡亲来部下兴贩⑯。自家且一向清心做

guān mò yíng sī lì rǔ kàn lǎo shū zì lái rú hé hái céng yíng sī
官，莫营私利，汝看老叔自来如何，还曾营私

fǒu zì jiā hǎo jiā mén gè wéi hǎo shì yǐ guāng zǔ zōng
否？自家好，家门各为好事，以光祖宗。

——《戒子通录》

注释

❶爨：烧火煮饭。甘旨：美好的食物，后特指奉养父母的食品。❷若曹：你辈。❸吴中：旧对苏州府的别称，范仲淹为苏州人，有很多同族子弟。❹恤：顾念，体恤。❺家庙：祖庙，宗祠。古时有官爵者才能建家庙，作为祭祀祖先的场所。❻言责之地：负责进言的位置。❼大参：作者子侄中某人的名字。❽大对：殿试。殿试是封建时代最高级的考试，只有贡士才有资格参加，

考中的称"进士"。殿试的前三名分别为状元、榜眼、探花，合称"三鼎甲"。❾副：相称，符合。❿摄生：养生，保养身体。⓫泪：湮没，泯灭。⓬将息：珍重，保重。⓭冗口：吃闲饭的人。⓮著：留心，注意。道书：道家典籍。⓯公人：上司官吏。⓰兴贩：买卖取利。

译文

　　我穷的时候，和你母亲赡养我老母，你母亲亲自烧火做饭，我母亲食可甘味，可生活从未富裕。现在有了丰厚的俸禄，想用它赡养母亲，母亲却不在了。你母亲也早早去世，这是我最遗憾的，怎忍心让你们享受富贵之乐。

　　吴中亲族子弟很多，和我固然有血缘关系的亲疏之分，然而从祖宗的角度来看，都是祖宗的子孙，也就没有亲疏之分。既然在祖宗看来没有亲疏之分，我怎能不去体恤那些忍饥受冻的亲族呢？从祖先到现在积德一百多年，实现在我的身上，得以做了大官，如果独享富贵而不体恤宗族，将来死后怎么去地下面对祖先，今天又有何面目到家庙里去呢？

　　在京师与人交游，不要议论别人的是非短长，因为你不在负责进言的位置。姑且去温习文字，净化心灵和行为，以求自立自强。表现大家风度，不必私下谈论是非曲直，以免因求取小名而招致大辱。

　　在京师少和人往来，凡是有利可图的地方，就应想到可能存在的隐患。我多次经历风波，因为能忍受穷困，所以才得以免除灾祸。

　　大参任职后，必然受到信任。只须努力学习，勤于政事，不要为自己的前途担心。千万不要写信求人推荐提拔，只有充实自己是最

清沈年辑《圣谕像解》插图《义田赡族》，讲述范仲淹虽官居高位，却克勤克俭，用宗赀兴办义庄，周济宗族穷人的故事

好的。

将要参加殿试，真诚地展现我们的风采，应该谦虚诚恳，心存敬畏，这样才符合士人的名望。

青年时期不应陷于多病之苦，怎能不注意养生健体呢？门户刚刚建立，宗族还没有得到封赐，有文学上的声名，也还没被国家任用，怎能按照平常人的情志行事，放纵自身而任志向泯灭呢？

贤弟请放宽心好好保重，虽然清贫，但求身体安康为重。家庭生活清苦平淡，是士人的正常状态，省去多余的仆人就可以了。请多花时间研读道家书籍，见到长寿又健康的人，问问人家是怎么做的，就会有所收获。

你做官不可做欺骗之事，与同事相处和睦多礼，有事只与同事商量，不要同上司官吏商量，不要纵容乡亲到属下买卖取利。自己一定要做清心之官，切不可营取私利，你看老叔我一向如何，曾经谋求过私利吗？一家有好事，家家都有好事，以此光宗耀祖。

评说

范仲淹年少家境清贫，读书刻苦。为官后，清正廉洁，关心百姓疾苦；且体恤族人，兴办义庄。本文是范仲淹对儿子及弟侄的训诫，以自己的亲身经历教导他们清心洁行，慎于高议，不乱交朋友；要勤学奉公，注意身体健康，为国效力；做事不欺，与人和睦，不谋私利。范仲淹有四个儿子，在当时都很出名，这与他的清廉家风和言传身教密不可分。

齑断粥画

范仲淹自幼勤学，苦读于醴泉寺。此图为明涂时相编《养蒙图说》插图《划粥断齑》，描绘范仲淹生活艰苦，读书时每日将冷粥割成数块与咸菜同食的场景

huì xué shuō
诲 学 说

欧阳修

欧阳修（1007～1072），字永叔，号醉翁、六一居士，吉州吉水（今属江西）人。北宋文学家、史学家。天圣进士，官至翰林学士、枢密副使、参政知事。主张文章应"明道""致用"，是北宋古文运动的领袖。散文说理畅达，抒情委婉，为"唐宋八大家"之一。诗重气势，流畅自然；词风婉丽，承袭南唐余风。曾与宋祁合修《新唐书》，并独撰《新五代史》。

清殿藏本欧阳修画像

原文

"玉不琢，不成器❶；人不学，不知道❷。"然玉之为物，有不变之常德❸，虽不琢以为器，而犹不害为玉也❹。人之性因物则迁❺，不学则舍君子而为小人，可不念哉❻！

清释佛基所篆闲章《玉不琢，不成器，人不学，不知道》

——《欧阳永叔集》

①器：器皿。②道：事理。③常德：固有的品质。④不害为玉：不失为玉的品质。⑤因物则迁：因环境而变迁。物，事物，环境。⑥念：想着，时刻不忘。

译文

"玉石不经过雕琢，就不能成为器皿；人要是不学习，就不会明白事理。"然而对于玉石来说，它有不变的固有品质，虽然不把它雕琢成器皿，它仍不失为玉的品质。人的习性会随着环境的变化而改变，如果不学习，就将不能成为君子而变成小人，这难道不值得认真思考吗？

评说

"玉不琢，不成器；人不学，不知道。"出自《礼记·学记》。欧阳修在这里加以发挥，认为玉石不琢不磨，虽不成器物，仍不失为玉；但人如果不学习，就会变成品行不端的小人，危害甚大。因此，他勉励儿子要努力学习，力求上进，做品学兼优之人，不要成为没有作为的人。

欧阳修自幼丧父，母亲郑氏知书达理，虽然家贫，就用芦苇在地上写字，教儿子读书识字。此图为清俞鹤舟绘《教子图》（局部），描绘郑氏用芦苇在地上写字，教欧阳修识字的场景

与十二侄

欧阳修

原文

自南方多事以来❶，日夕忧汝，得昨日递中书❷，知与新妇诸孙等各安，守官无事，顿解远想。吾此衰苦如常❸。欧阳氏自江南归朝❹，累世蒙朝廷官禄，吾今又被荣显❺，致汝等并列官裳❻，当思报效。偶此多事，如有差使❼，尽心向前，不得避事。至于临难死节❽，亦是汝荣事，但存心尽公，神明亦自佑汝，慎不可思避事也❾。昨书中言欲买朱砂来❿，吾不缺此物。汝于官下宜守廉，何得买官下物⓫？吾在官所，除饮食物外，不曾买一物，汝可安此为戒也。已寒，

清人绘《历代名臣像解》中的欧阳修画像

好 将 息^⑫，不 具^⑬。吾 书 送 通 理 十 二 郎^⑭。

hǎo jiāng xī　　bú jù　　wú shū sòng tōng lǐ shí èr láng

——《欧阳永叔集》

注释

❶南方多事：北宋仁宗皇祐四年（1052）广西发生侬智高叛乱，当时欧阳通理任象州（今广西象州）司理（掌管狱讼）。❷中书：欧阳通理寄来的书信。❸哀苦：思念刚去世的母亲。❹归朝：归附宋朝。❺荣显：宋仁宗皇祐二年（1050），欧阳修由知应天府，兼南京留守司事转吏部郎中，加轻车都尉，又充龙图阁直学士，所以说是"荣显"。❻官裳：宋代有门荫制度，高官的子侄都可以因父辈成为官员。❼差使：差遣，公务。❽死节：为保全节操而死。❾慎：千万，一定。❿朱砂：一种矿石，粉末呈红色，经久不褪，常用作颜料。还是一种中药药材，有镇静安神作用，但毒性大。⓫官下物：为官者职权管辖范围内出产或生产的物品。⓬将息：调养，休息。⓭不具：书信末尾常用语，意为不一一详说。⓮通理十二郎：欧阳修的侄子欧阳通理，因排行十二，故称十二郎。

明涂时相编《养蒙图说》插图《文体一变》，讲述以欧阳修义道并重，使当时文风为之一变，为北宋古文发展开辟了广阔前景

自从南方发生战事以来，我日夜为你担忧，昨天接到递来的书信，知道你与侄媳妇及各位侄孙都安好，守着官署，平安无事，我的心总算放了下来。我此时还像往常一样哀苦（思念刚去世的母亲）。我们欧阳家族自从在江南归附宋朝，数代享受朝廷俸禄，如今我又被授予显耀职位，也使你们因门荫制度而成为官员，应当想着报效朝廷。你身处多事之地，如果朝廷有所派遣，应该尽力向前，不得逃避。即使遇难为保全节操而死，也是你的荣光，只要一心为国尽忠，神明也会保佑你，千万不要想着如何去逃避王事。昨天来信中提到要买朱砂给我，我不缺少这些东西。你为官应当廉洁，怎能买官府控制下的物品呢？我在官署，除饮食等物品外，不曾购买任何物品，你可以此为诫。天已寒冷，你要好好保重，我就不一一详说了。这封书信是送给欧阳通理十二郎的。

清张培敦绘《醉翁亭图》（局部），欧阳修曾作有《醉翁亭记》，是古文名篇

这封家书是欧阳修对侄子的告诫，要求侄子遇事要尽心向前，不逃避责任，为国家分忧；同时做官要廉洁清正，不谋求私利，这些在今天仍有极大的教育意义。欧阳修自己就是这方面的表率，他论事直切，疾恶如仇，执政不徇私情，风节凛然。其一生高风亮节，为文名所掩，从这封信中可以窥见一二。

míng èr zǐ shuō
名二子说

苏洵

苏洵（1009～1066），字明允，号老泉，眉州眉山（今属四川）人。嘉祐间得欧阳修推誉，以文章著称于世，曾任秘书省校书郎、霸州文安县主簿，所作文章言及抗辽、土地兼并、特权等现实内容，文风雄健。与子苏轼、苏辙并称"三苏"，俱被列入"唐宋八大家"。

清殿藏本苏洵画像

作者简介

原文

lún fú gài zhěn jiē yǒu zhí hū chē ér shì dú ruò
轮、辐、盖、轸❶，皆有职乎车❷，而轼独若

wú suǒ wéi zhě suī rán qù shì zé wú wèi jiàn qí wéi wán chē yě
无所为者❸。虽然，去轼则吾未见其为完车也。

shì hū wú jù rǔ zhī bú wài shì yě
轼乎，吾惧汝之不外饰也❹。

tiān xià zhī chē mò bù yóu zhé ér yán chē zhī gōng zhě zhé bú
天下之车莫不由辙❺，而言车之功者，辙不

yù yān suī rán chē pū mǎ bì ér huàn yì bù jí zhé shì
与焉❻。虽然，车仆马毙❼，而患亦不及辙。是

zhé zhě shàn chǔ hū huò fú zhī jiān yě zhé hū wú zhī miǎn yǐ
辙者，善处乎祸福之间也。辙乎，吾知免矣❽！

——《戒子通录》

105

明佚名绘《孔子圣迹图》之《丑次同车》，图中之车就是古代贵族乘坐的车子

注释

①轮、辐、盖、轸：车轮、车辐、车盖、车轸。辐，辐条，插入轮毂以支撑轮圈的细条。盖，车上的伞盖。轸，车厢后面的横木。②职：职务，职位。③轼：车厢前面供人凭依的横木。④外饰：外在的装饰。⑤辙：车辙，车轮碾出的印记。⑥与：参与。⑦仆：倒下。⑧免：避免灾祸。

译文

车轮、车辐、车盖和车轸，对车都有各自的作用，而唯独车轼好像没什么用处。虽然这样，但如果去掉车轼，我觉得它就不是一辆完整的车子。苏轼啊，我真担心你不注意外在的掩饰啊！

天下的车没有哪一辆走过后不留下痕迹，然而人们说到车的功劳时，车辙却从来不参与其中。虽然这样，车翻马死，罪责也不会波及车辙。看来这个车辙，善于处在福祸之间。苏辙呀，我知道你是可以幸免于灾祸呀！

评说

苏洵有感于自己年少时不努力学习，因此对儿子的教育抓得很紧，要他们不要为作文而作文，而要能解决实际问题，这对苏轼、苏辙一生为文影响很大。苏洵注意到两个儿子性格不同，本文通过论说两人取名轼、辙的原因，对他们进行教育，表明对两个儿子人生态度及行为模式的期望。

xùn jiǎn shì kāng

训俭示康（节录）

司马光

司马光（1019～1086），字君实，陕州夏县（今属山西）人。北宋史学家。神宗时，极力反对王安石变法，强调祖宗之法不可变。哲宗即位，被征入朝，任宰相，尽废新法。为相八个月病死，追封温国公，谥文正。主编《资治通鉴》。

作者简介

清人绘《历代帝王圣贤名臣大儒遗像》中的司马光画像

原文

zhòng rén jiē yǐ shē mǐ wéi róng　wú xīn dú yǐ jiǎn sù wéi měi
众人皆以奢靡为荣，吾心独以俭素为美。

rén jiē chī wú gù lòu　wú bù yǐ wéi bìng　yìng zhī yuē　kǒng zǐ
人皆嗤吾固陋❶，吾不以为病，应之曰：孔子

chēng　yǔ qí bú xùn yě　nìng gù　yòu yuē　yǐ yuē shī zhī
称"与其不孙也，宁固"❷，又曰"以约失之

zhě xiǎn yǐ　yòu yuē　shì zhì yú dào　ér chǐ è yī è shí
者鲜矣"❸，又曰"士志于道，而耻恶衣恶食

zhě　wèi zú yǔ yì yě　gǔ rén yǐ jiǎn wéi měi dé　jīn rén nǎi
者，未足与议也"❹。古人以俭为美德，今人乃

yǐ jiǎn xiāng gòu bìng　xī　yì zāi
以俭相诟病❺。嘻，异哉！

zhāng wén jié wéi xiàng　zì fèng yǎng rú wéi hé yáng zhǎng shū jì
张文节为相❻，自奉养如为河阳掌书记

shí　suǒ qīn huò guī zhī yuē　gōng jīn shòu fèng bù shǎo　ér zì
时❼，所亲或规之曰："公今受俸不少，而自

107

奉若此，公虽自信清约❽，外人颇有公孙布被之讥❾，公宜少从众❿。"公叹曰："吾今日之俸，虽举家锦衣玉食，何患不能？顾人之常情，由俭入奢易，由奢入俭难。吾今日之俸岂能常有？身岂能常存？一旦异于今日，家人习奢已久，不能顿俭⓫，必致失所。岂若吾居位、去位、身存、身亡，常如一日乎？"呜呼！大贤之深谋远虑，岂庸人所及哉！

御孙曰⓬："俭，德之共也⓭；侈，恶之大也。"共，同也，言有德者皆由俭来也。夫俭则寡欲。君子寡欲，则不役于物⓮，可以直道而行；小人寡欲，则能谨身节用，远罪丰家⓯。故曰："俭，德之共也。"侈则多欲。君子多欲，则贪慕富贵，枉道速祸⓰；小人多欲，

清李石塘所篆闲章《静以修身，俭以养德》

108

则多求妄用⑰，败家丧身。是以居官必贿，居
乡必盗⑱。故曰："侈，恶之大也。"

——《司马温公文集》

注释

❶固陋：固塞鄙陋，见识浅薄。❷与其不孙也，宁固：语出《论语·述而》，意为与其骄傲自大，宁可寒酸固陋。❸以约失之者鲜矣：语出《论语·里仁》，意为因为对自己节制、约束而犯错的，这种事情很少有。❹士志于道，而耻恶衣恶食者，未足与议也：语出《论语·里仁》，意为读书人立志于追求真理，却以穿得不好吃得不好为耻辱，那就不值得和他谈论什么了。❺诟病：侮辱，指责。❻张文节：张知白，北宋仁宗时任宰相，文节是他的谥号。❼掌书记：唐朝官名，为掌管一路军政、民政机关的机要秘书。宋代也设此官职。❽清约：清廉节俭。❾公孙布被：公孙弘是汉武帝时丞相，主张节俭，做官后盖的还是布被子。汲黯认为他位列三公，却盖布被，俭朴是假的。❿从众：和众人一样。⓫顿：马上。⓬御孙：春秋时鲁国大夫。⓭共：共同，一起。⓮役：役使，驱使。⓯远、丰：形容词的使动用法，使……远、使……丰。⓰枉道：违背正道做事。速祸：招致灾祸。⓱妄用：随意浪费。⓲居乡：不做官时。

宋海船纹铜镜

译文

多数人都以奢侈浪费为荣，我唯独以节俭朴素为美。人们都讥笑我固塞鄙陋，我不认为这是什么缺点，回答他们说：孔子说"与其骄傲自大，宁可寒酸固陋"，又说"因为对自己节制、约束而犯错的，这种事情很少有"，又说"读书人立志于追求真理，却以穿得不好吃得不好为耻辱，那就不值得和他谈论什么了"。古人以节俭为美德，今人却因节俭而相讥讽。唉，真奇怪呀！

张文节任宰相后，生活如同从前当河阳掌书记时一样，亲戚朋友中有人劝他说："您现在领取的俸禄不少，可生活这样节俭，自信如此做是清廉节俭，可外人对您有公孙弘盖布被的讥评，您应该稍微随从众人的做法才是。"张文节叹息说："我现在的俸禄，即使全家锦衣玉食，何尝不能做到？然而想想人之常情，由节俭进入奢侈容易，由奢侈进入节俭困难。我现在的俸禄怎么能够一直拥有？身躯怎么能够永存于世？一旦地位与收入不如今天，家人已过惯奢侈生活，不能立刻节俭，一定会导致无存身之地。哪如我无论做官还是罢官，活着还是死去，家里的生活都天天如常好呢？"唉！大贤之人深谋远虑，哪是平庸之人所能比的？

鲁国大夫御孙说："节俭，是美德的共同特点；奢侈，是最大的恶行。"共，就是同，是说有德行的人都是从节俭做起的。节俭就少贪欲。君子如果贪欲少，就不被外物役使，可以走正道；小人如果贪欲少，就能约束自己，节约费用，避免犯罪，丰裕家室。所以说："节俭，是美德的共同特点。"奢侈就多贪欲。君子如果贪欲多，就会贪图富贵，不走正道，最后招致灾祸；小人如果贪欲多，就会多方营求，随意浪费，最终家败身亡。因此，做官的人如果奢侈，必然贪污受贿；平民百姓如果奢侈，必然盗窃他人财物。所以说："奢侈，是最大的恶行。"

请补子弟

本文节录自司马光写给儿子司马康的家书，批评当时社会以奢靡为荣的不良风气，列举历史上以俭立名、以奢自败的事例，告诫儿子不但自己要身体力行，还要教育子孙懂得其中的道理，说理层层深入，发人深省。作者提倡俭朴，反对奢侈，在当时具有移风易俗的教育意义，对今天发扬艰苦朴素的作风也有现实价值。

清梁延年辑《圣谕像解》插图《请补子弟》，讲述汉代公孙弘重视人才培养，请求朝廷设置博士官的故事

与侄书

司马光

原文

近蒙 圣恩除门下侍郎❶，举朝嫉者何可胜数❷，而独以愚直之性处于其间，如一黄叶在烈风中，几何不危坠也！是以受命以来❸，有惧而无喜。汝辈当识此意，倍须谦恭退让，不得恃赖我声势❹，作不公不法，搅扰官司，侵陵小民，使为乡人此厌苦，则我之祸，皆起于汝辈，亦不如人也❺。

——《戒子通录》

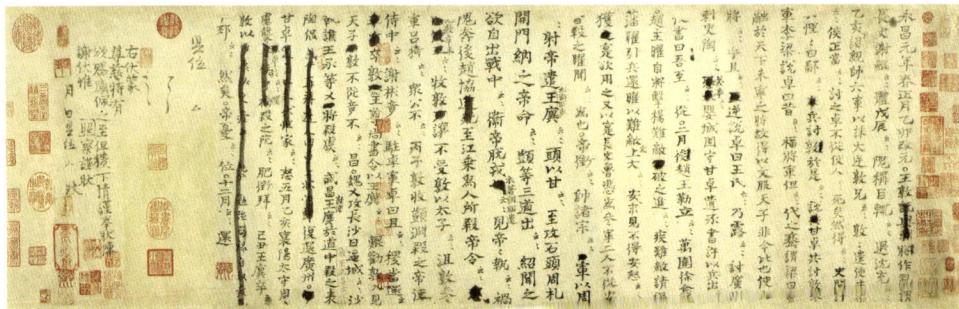

宋司马光《资治通鉴》残稿，《资治通鉴》是由司马光主持编撰的大型编年体史书，全面总结了历朝历代的政治智慧

明仇英绘《独乐园图》（局部），描绘司马光在自己的花园（独乐园）中享受清静生活的场景

注释

❶除：拜官授职。门下侍郎：官职名称，唐宋多以门下侍郎或中书侍郎同平章事为宰相之称。❷举朝：整个朝廷。❸受命：接受任命。❹恃赖：依仗。❺人：普通人。

译文

近来受到皇帝恩典，任命我担任门下侍郎的职位，朝廷中嫉妒我的人怎能数得过来，而我生性愚直，处在这样的环境中，就如同一片黄叶在凛冽的风中，能保持多久不会坠落呢？因此从接受任命以来，只有恐惧，而无欢喜。你们应当理解我的心境，遇事要加倍谦恭退让，不要依仗着我的声势，做不公不法之事，干扰官府办案，欺压百姓，使乡人讨厌痛恨你们，如此我的祸患将由你们而起，你们就连一个普通人都不如了。

评说

1085年，宋哲宗即位，祖母高氏听政，司马光得到重新任用。当时朝中当权大臣多是变法派人物，而司马光一直反对变法，又年老多病，确实像风中的一片黄叶摇摇欲坠，有惧而无喜。这封家书反映了当时的情势和老人的心态，但他仍教育侄子们要加倍谦恭退让，奉公守法，不要欺凌小民，免招人怨。其出发点虽是为了避祸，但告诫侄子们不可恃势欺压百姓，却是他高尚品格的表现。

jiè zǐ dì yán

诫子弟言

范纯仁

作者简介 范纯仁（1027～1101），字尧夫，苏州吴县（今江苏苏州）人，范仲淹次子。宋仁宗皇祐元年进士，父亲死后才出仕，哲宗时为宰相，死后谥忠宣。

原文

rén suī zhì yú　zé rén zé míng　suī yǒu cōng míng　shù jǐ

人虽至愚，责人则明❶；虽有聪明，恕己

zé hūn　gǒu néng yǐ zé rén zhī xīn zé jǐ　shù jǐ zhī xīn shù rén

则昏❷。苟能以责人之心责己，恕己之心恕人，

bú huàn bú zhì shèng xián dì wèi yě

不患不至圣贤地位也❸。

——《宋史·范纯仁传》

注释

❶责人：责备别人。❷恕己：宽恕自己。❸患：担心。

译文

人虽愚笨，责备别人时却很明白；人虽聪明，宽恕自己时却显得糊涂。如果人能够以责备别人的心来责备自己，用宽恕自己的心去宽恕别人，就不用担心不能达到圣贤的境界了。

评说

范纯仁为人宽简，不以声色加人，虽官至宰相，却生活廉俭如一。他自称“平生所学，得之忠恕二字，一生用不尽”，因此告诫子弟们要看重“恕”字，对自己严格要求，对别人即使在小问题上也要采取宽容的态度。其子按照他的要求去做，都有学行，能承继家风。

^{yǔ zhí qiān zhī shū}

与侄千之书

苏　轼

　　苏轼（1037～1101），字子瞻，号东坡居士，眉州眉山（今属四川）人。北宋文学家、书画家。宋仁宗嘉祐进士。政治上属于旧党，反对王安石变法，但也有改革弊政的要求。文章汪洋恣肆，明白畅达，为"唐宋八大家"之一。诗清新豪健，词开豪放一派，对后代很有影响。擅长行书、楷书，与蔡襄、黄庭坚、米芾并称"宋四家"。

作者简介

清人绘《历代名臣像解》中的苏轼画像

原文

独立不惧者❶，惟司马君实与叔兄弟耳❷。万事委命❸，直道而行，纵以此窜逐❹，所获多矣。因风寄书，此外勤学自爱。近年史学凋废，去岁作试官❺，问史传中事，无一两人详者❻。可读史书，为益不少也。

——《东坡全集》

千載英雄事已休獨餘明月照
江流畫圖不盡當年恨卻寫坡
儍赤壁遊 丙辰春三月下浣
傲文待詔筆法旭遊老人黄山壽

近代黄山壽繪《赤壁夜遊圖》，描繪蘇軾被貶黄州，夜間與友人泛舟遊赤壁的場景

❶独立不惧：对王安石新法有独立见解而不惧怕他的权势。❷司马君实：司马光，字君实，王安石新法的反对者。叔兄弟：苏轼与弟弟苏辙。❸委命：听任命运的支配。❹窜逐：放逐。❺试官：科举考试的考官。❻详：详细知道。

译文

目前能坚持自己的主张而无所畏惧的，只有司马君实和为叔兄弟二人。万事都由老天来决定，自己坚持走正道，纵然因此而遭到贬谪放逐，从中得到的也是很多的。我给你写这封信，是希望你能发奋读书，爱惜自己。近年来史学因无人问津而凋敝废弃，去年我做考官，问起考生们史传中的事，没有一两个人能详细说明白的。你可以多读点儿史书，应该是很有好处的。

评说

这是苏轼写给侄子苏千之的信，正值苏轼贬谪期间。但他心胸坦荡，坚持自己的政治主张，自信而无所畏惧。在信中，他以"直道而行"自许，不怕放逐，这种精神是难能可贵的。同时，他勉励侄子勤学自爱，多读史书，以便从中获益，也是很有见地的。

明张路绘《苏轼回翰林院图》（局部），讲述苏轼因与王安石有矛盾而被贬，后受重用，为朝廷召回，经皇帝召见被送回翰林院的故事

与侄孙元老书

苏轼

原文

侄孙近来为学何如？恐不免趋时❶，然亦须多读书史❷，务令文字华实相副❸，期于实用乃佳❹。勿令得一第后❺，所学便为弃物也。海外亦粗有书籍❻，六郎亦不废学❼，虽不解对义，然作文极峻壮❽，有家法。二郎、五郎见说亦长进❾，曾见他文字否？侄孙宜熟先后汉史及韩柳文❿。有便寄旧文一两首来，慰海外老人意也⓫。

——《东坡全集》

清人绘柳宗元画像

注释

❶趋时：顺应时势，随时势变通。❷书史：经史一类的书籍。❸华实：开花

与结果，引申为外表与本质或形式与内容。❹期：期望，要求。❺第：科第，科举考试及格的等级。❻海外：这里指海南，绍圣四年（1097），苏轼被贬海南儋州。❼六郎：苏轼的小儿子苏过，后妻王润之所生。❽峻壮：形容文章有气势。❾二郎、五郎：二郎指苏轼长子苏迈，前妻王弗所生。五郎指苏轼次子苏迨，后妻王润之所生。❿先后汉史：《汉书》《后汉书》。韩柳：韩愈、柳宗元，唐代古文运动的倡导者。⓫海外老人：苏轼自称，此时他被贬儋州，故称"海外老人"。

译文

侄孙近来学习怎么样啊？恐怕也免不了顺应时势，但还是要多读些经史一类的书籍，务必使文章的形式与内容相符合，有实用才算好文章。不要一得科名，就把平时所学抛弃了。海南也大略有些书可读，六郎从没放弃学习，虽然还不会写对策的文章，但文章很有气势，有家传的风度。二郎和五郎听说也很有长进，你见过他们写的文章吗？你要熟读《汉书》《后汉书》以及韩愈、柳宗元的文章。方便的话给我寄两篇你写的文章，以安慰我这个远居海外的老人。

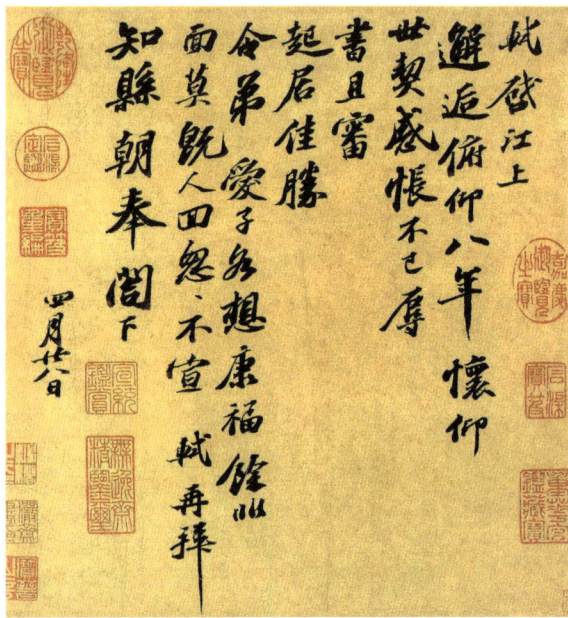

宋苏轼手书《邂逅帖》

评说

这是苏轼被贬儋州时写给侄孙的家书，告诫侄孙写文章要以实用为主，不能因为追求形式的华美而影响文章的内容，甚或以辞害意。这对于写文章来说，是一条重要原则，那些华而不实的文章，对实际没有用处。苏轼的这一告诫，对所有执笔为文者都是有益的劝告。

jiào zǐ sūn dú shū
教子孙读书

郑 侠

作者简介

郑侠（1041～1119），字介夫，北宋福州福清（今属福建）人。年少以苦学为王安石所重。反对新法，借旱灾机会，绘流民图献给神宗，将灾民疾苦归咎新法。哲宗初年为泉州教授，后再贬英州。徽宗时得归，家居而卒。

清顾沅辑《古圣贤像传略》中的郑侠画像

原文

水在盘盂中，可以鉴毛发❶。盘盂若动
shuǐ zài pán yú zhōng　kě yǐ jiàn máo fà　pán yú ruò dòng

摇，星日亦不察。镜在台架上，可以照颜面。
yáo　xīng rì yì bù chá　jìng zài tái jià shàng　kě yǐ zhào yán miàn

台架若动摇，眉目不可辨。精神在人身，水镜
tái jià ruò dòng yáo　méi mù bù kě biàn　jīng shén zài rén shēn　shuǐ jìng

为拟伦❷。身定则神凝，明于乌兔轮❸。是以
wéi nǐ lún　shēn dìng zé shén níng　míng yú wū tù lún　shì yǐ

学道者，要先安其身。坐欲安如山，行若畏动
xué dào zhě　yào xiān ān qí shēn　zuò yù ān rú shān　xíng ruò wèi dòng

尘。目不妄动视❹，口不妄谈论。俨然望而
chén　mù bú wàng dòng shì　kǒu bú wàng tán lùn　yǎn rán wàng ér

畏❺，曝慢不得亲❻。淡然虚而一❼，志虑则不
wèi　pù màn bù dé qīn　dàn rán xū ér yī　zhì lǜ zé bù

分。眼见口即诵，耳识潜自闻❽。神焉默省记❾，
fēn　yǎn jiàn kǒu jí sòng　ěr shí qián zì wén　shén yān mò xǐng jì

rú kǒu wèi gān zhēn

如口味甘珍❿。一遍胜十遍，不令人艰辛。

——《西塘集》

注释

❶鉴：照，照视。❷拟伦：相比。❸乌兔轮：太阳和月亮。传说太阳里有三足乌，月亮里有玉兔。❹妄：随意，随便。❺俨然：庄重的样子。❻嫚慢：轻忽怠慢。❼淡然：恬静。❽潜：悄悄地。❾省记：记忆。❿味：辨别，品味。

译文

水在水盆里，可以照见人的头发。但如果水盆动摇，太阳和星星也看不清楚。镜子放在台架上，可以照见人的脸。但如果台架动摇，眉毛和眼睛也分辨不清。人的精神在人身上，水和镜子不过是个比方。一个人身体安定，精神就会集中，比太阳和月亮还要明亮。想要学习儒家学说道理，首先要使身体安定。坐像山那样稳定，行像担心吹动灰尘。眼睛不随便去看，嘴巴

明陶成绘《蟾宫玉兔图》(局部)

不随便乱说。举止庄严使人望而生畏，轻忽怠慢使人不敢亲近。心态平静做事专一，思考事情不会分心。眼睛看书口中诵读，耳朵听后私下默想。在理解的基础上记忆，就像品味甘甜的食物。读一遍胜读十遍，不使人感到艰难辛苦。

评说

郑侠以自己的读书经验，告诫子孙读书要专心致志，只有这样才能钻进书中，领略到读书的乐趣。他以清水、明镜照物为例，说明只有安坐不动，思想高度集中，才能头脑冷静，接受能力强。读书还要边看边朗诵边思考，在理解的基础上记忆，就如同品味甘甜食物，且能收到事半功倍的效果。

120

与子寅书（节录）

yǔ zǐ yín shū

胡安国

作者简介

胡安国（1074～1138），字康侯，建宁崇安（今福建武夷山）人，南宋经学家。绍圣进士，任太学博士、给事中、中书舍人兼侍讲、宝文阁直学士。卒谥文定。长于春秋学，撰《春秋传》三十卷，往往借《春秋》史事，寄寓南渡后对时势的感怀，议论政治。

明吕维祺编《圣贤像赞》中的胡安国画像

原文

gōng shǐ kù dài bīn
公使库待宾❶，并以五盏为率❷，自足展
jìn qíng yì
尽情意。

jìn jiān lì bì zhǐ qí xié xīn bù tú gé miàn wéi zhèng bì
禁奸吏必止其邪心，不徒革面❸。为政必
yǐ fēng huà dé lǐ wéi xiān fēng huà bì yǐ zhì chéng wéi běn mín sòng
以风化德礼为先，风化必以至诚为本。民讼
jì jiǎn měi rì kě zhuó yì shí gōng fū xiáng yǔ lǐ huì yīn xùn
既简❹，每日可着一时工夫，详与理会，因训
dǎo zhī shǐ qū yú shàn qiě yǐ fēng dòng zuǒ yòu bù wú yì yě
道之使趋于善，且以风动左右❺，不无益也。

lì zhì yǐ míng dào xī wén zì qī dài lì xīn yǐ zhōng
立志以明道❻，希文自期待❼；立心以忠
xìn bù qī wéi zhǔ běn xíng jǐ yǐ duān zhuāng qīng shèn
信❽，不欺为主本❾；行己以端庄❿，清慎

见操执；临事以明敏，果断辨是非；又谨三

尺⑪，考求立法之意而操纵之，斯可为政，

不在人后矣，汝勉之哉！治心修身，以饮食

男女为切要，从古圣贤，自这里做工夫，

其可忽乎？

君实见趣本不甚高⑫，为他广读书史，苦

学笃信，清俭之事而谨守之。人十己百，至老

不倦，故得志而行，亦做七分已上人。若李文

靖澹然无欲⑬，王沂公俨然不动⑭，资禀既如

此⑮，又济之以学⑯，故是

八九分地位也。后人皆不

能及，并可师法。

汝在郡，当一日勤于

一日，深求所以牧民共理

之意⑰，勉思其未至，不可

忽也。若不事事，别有觊

清人绘《历代名臣像解》中的李沆画像

<ruby>望<rt>wàng</rt></ruby>❶，<ruby>声<rt>shēng</rt></ruby><ruby>绩<rt>jì</rt></ruby><ruby>一<rt>yì</rt></ruby><ruby>塌<rt>tā</rt></ruby><ruby>了<rt>liǎo</rt></ruby>，<ruby>更<rt>gèng</rt></ruby><ruby>整<rt>zhěng</rt></ruby><ruby>顿<rt>dùn</rt></ruby><ruby>不<rt>bù</rt></ruby><ruby>得<rt>dé</rt></ruby>，<ruby>宜<rt>yí</rt></ruby><ruby>深<rt>shēn</rt></ruby><ruby>自<rt>zì</rt></ruby><ruby>警<rt>jǐng</rt></ruby><ruby>省<rt>xǐng</rt></ruby>，<ruby>思<rt>sī</rt></ruby><ruby>远<rt>yuǎn</rt></ruby><ruby>大<rt>dà</rt></ruby><ruby>之<rt>zhī</rt></ruby><ruby>业<rt>yè</rt></ruby>。

——《戒子通录》

注释

❶公使库待宾：因公事请客。❷率：一定的标准或比率。❸徒：只，仅仅。❹讼：诉讼。❺风动：教化，影响。❻明道：明白治理之道。❼希文自期待：希望自己成为范仲淹那样的人。范仲淹，字希文，北宋政治家。❽立心：立定为人的宗旨。❾不欺：不昧良心，不违心。❿行己：处己。端庄：端正庄重。⓫三尺：指法律。古代把法律刻写在三尺长的竹简上，故名。⓬君实：司马光，字君实。见趣：见识志趣。⓭李文靖：即李沆，北宋名相，以清静无为治国，注重吏事，尤为注意戒除人主骄奢之心，有"圣相"之美誉。澹然：安静。⓮王沂公：即王曾，北宋贤相，为人端厚持重，为官进退有礼。封沂国公，谥文正。俨然：庄重的样子。⓯资禀：资质禀赋。⓰济：增加。⓱牧：整理，治理。⓲觊望：贪图。

饱温不志

明涂时相编《养蒙图说》插图《志不温饱》，讲述北宋王曾胸怀大志，考中状元后，有人和他开玩笑说一生衣食无忧，王曾却答之以志不在温饱的故事

译文

因为公事请人吃饭，饮酒以五杯为度，就足以表示情义了。

禁止奸吏做坏事，必须去除他的邪心，而不仅是表面上改正。处理政务要以风俗教化、道德礼义为先，而风俗教化又必须以至诚不欺为根本。日常诉讼案件少，每天可抽出一些时间接见百姓，加以教育，使他们向善，也可以为左右做出表率，这样是有好处的。

立志明白治理之道，希望自己成为范仲淹那样的人；做人忠厚守信，以诚实不欺为本；行为端正庄重，操守清廉谨慎；遇事精明敏捷，果断辨别是非；谨慎对待法律，考求立法原意而执行，如果这样处理政事，就不会落在人后，你要努力呀！修养身心，应重视饮食男女的日常生活，古来圣贤都从这里下功夫，怎能疏忽呢？

司马君实（司马光）的见识志趣本来不是很高，但他广读经史典籍，勤苦用功，诚实不欺，持身清俭而谨慎坚守。别人下十分功夫，他用百分力气，一直到老不懈怠，所以很有作为，十分能做到七分以上。像李文靖（李沆）恬淡无所求，王沂公（王曾）庄重不动，资质禀赋本来就好，加之好学，所以十分能做到八九分。后人都赶不上他们，可资效法。

你在郡为官，应当一天比一天勤奋，深入探求治民之道，想想还有什么没办到，不可忽视。如果正事没办，却想着别的事情，声望业绩一旦塌陷，再也无法挽回，你要多加警惕，想着更远大的事业。

评说

胡安国父子都是以节操学问著称的名人，从该家书中可窥见一二。这里讲的都是为政做人的道理，强调为政要以风俗教化、道德礼义为先，其中又以诚实不欺为本，强调化民成俗，使人向善。为政强调风俗教化，实质上是从根本上加强治理，今天仍有借鉴意义。至于他强调为官要清廉谨慎，处事要精明果断，个人修为注意饮食男女日常生活，也都是很有道理的。

清梁延年辑《圣谕像解》插图《宴客从俭》，讲述司马光生活节俭，宴客从俭的故事

fàng wēng jiā xùn
放 翁 家 训（节录）

陆 游

陆游（1125～1210）：字务观，自号放翁，越州山阴（今浙江绍兴）人。南宋诗人。主张坚决抗战，因触怒秦桧被免职。一生创作诗歌很多，内容极为丰富，风格雄浑豪放。诗与尤袤、范成大、杨万里齐名，称"中兴四大家"。亦工词，婉约似秦观，雄浑似苏轼。

清顾沅辑《古圣贤像传略》
中的陆游画像

原文

shì zhī tān fū　xī hè wú yàn　gù bù zú zé　zhì ruò
世之贪夫，溪壑无餍❶，固不足责。至若

cháng rén zhī qíng　jiàn tā rén fú wán　bù néng bú dòng　yì shì yí
常人之情，见他人服玩❷，不能不动，亦是一

bìng　dà dǐ rén qíng mù qí suǒ wú　yàn qí suǒ yǒu　dàn niàn cǐ wù
病。大抵人情慕其所无，厌其所有。但念此物

ruò wǒ yǒu zhī　jìng yì hé yòng　shǐ rén xīn xiàn　yú wǒ hé bǔ
若我有之，竟亦何用？使人歆羡❸，于我何补？

rú shì sī zhī　tān qiú zì xī　ruò fú tiān xìng dàn rán　huò
如是思之，贪求自息❹。若夫天性澹然❺，或

xué wèn yǐ dào zhě　gù wú dài cǐ yě
学问已到者，固无待此也。

hòu shēng cái ruì zhě　zuì yì huài　ruò yǒu zhī　fù xiōng
后生才锐者❻，最易坏。若有之，父兄

当以为忧，不可以为喜也。切须常加简束[7]，令熟读经子[8]，训以宽厚恭谨，勿令与浮薄者游处[9]。如此十许年，志趣自成。不然，其可虑之事，盖非一端。吾此言，后人之药石也[10]。各须谨之，毋贻后悔[11]。

——《放翁家训》

注释

❶溪壑：溪谷沟壑，比喻不可满足的贪欲。餍：满足。❷服玩：华丽的衣服和好玩儿的物品。❸歆羡：羡慕。❹息：熄灭，消亡。❺澹然：淡泊。❻才锐：才

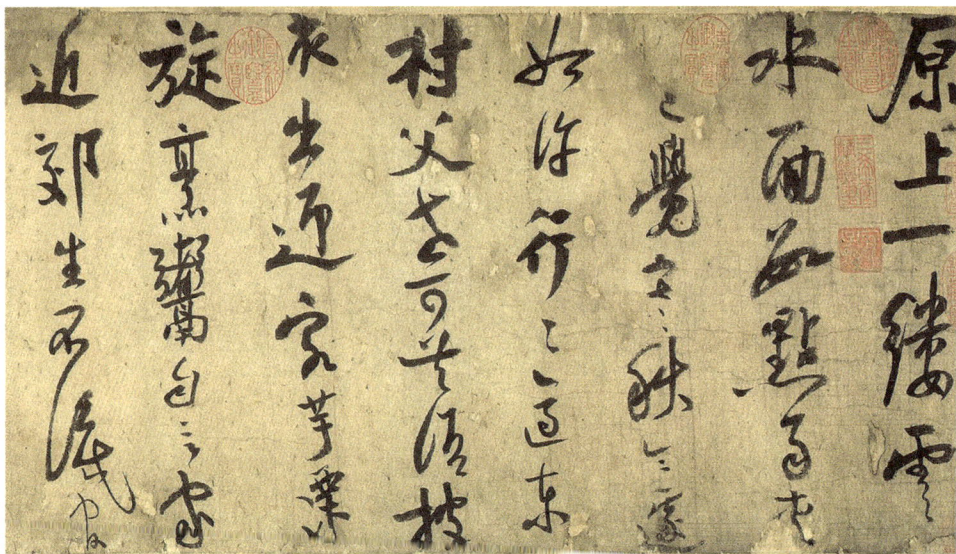

宋陆游《自书诗》（局部）

126

思敏捷。❼简束：管束。❽经子：经书、子书。❾浮薄者：轻浮浅薄之人。❿药石：治病的药和砭石，泛指药物。⓫贻：遗留。

译文

世上贪婪的人，贪欲永远不能满足，这没什么可奇怪的。至于常人之情，看到别人华丽的衣服和好玩儿的物品，一点儿都不动心，也是一种毛病。一般来说，人们都是羡慕自己没有的，而讨厌已经拥有的。仔细想想，要是我有这件物品又有什么用处呢？即使让别人羡慕，对我又有什么好处呢？这样去想，贪心自然便会消除。至于那些天性淡泊或很有学问的人，就用不着这样了。

才思敏锐的年轻人，最容易学坏。如果有这种情况，父兄应当为此忧虑，而不可为此高兴。切记对他们严加管束，让他们熟读经书、子书，训导他们做人宽容厚道、恭敬谨慎，不让他们与轻浮浅薄之人来往。这样十多年后，其志向和情趣会自然养成。不然的话，令人担忧的事情就会不止一件。我这些话，是留给后人的良方妙药。你们须谨慎对待，不要留下遗憾和愧疚。

评说

本文节录自《放翁家训》中的两则，其一是教育儿子不要有贪心，这是陆游家教中的一贯思想。陆游晚年回乡后，因为贫穷不得不变卖物品，但仍教育即将赴任的儿子要清廉自守，不可因贫穷而改变节操。其二是提醒长辈对有才气的少年要严加管教，使之好好读书，学习做人。因为聪明的孩子如果不严加管教，往往会骄傲自满，甚至目空一切，做出坏事，危害社会，这对今天的家庭教育仍有警示作用。

清人绘陆游画像

127

袁氏世范·处己（节录）

袁采

作者简介　袁采（生卒年不详），字君载，南宋信安（今浙江衢州）人。进士及第。历任乐清、政和县令，累官至监登闻鼓院。以清廉刚直著称。著有《袁氏世范》。

原文

处己接物，而常怀慢心、伪心、妒心、疑心者，则自取轻辱于人，盛德君子所不为也❶。慢心之人，自不如人，而好轻薄人。见敌己以下之人及有求于我者❷，面前既不加礼，背后又窃讥笑。若能回省其身❸，则愧汗浃背矣❹。伪心之人，言语委曲❺，甚若相厚❻，而中心乃大不然。一时之间，人所信慕，用之再三，则踪迹露见❼，为人所唾去

清《小石山房印苑》所辑闲章《闻人善则疑，闻人恶则信，此满腔杀机也》

矣[8]。妒心之人，常欲我之高出于人，故闻
有称道人之美者，则愆然不平，不以为然；
闻人有不如己者，则欣然笑快，此何加损于
人？只厚怨耳[9]。疑心之人，人之出言，未
尝有心，而反复思绎曰[10]："此讥我何事？此
笑我何事？"则与人缔怨[11]，常萌于此[12]。贤
者闻人讥笑，若不闻焉，此岂不省事！

——《袁氏世范》

注释

❶盛德：道德高尚。❷敌：
对等，相当。❸回省：反省。❹浃：
沾湿，湿透。❺委曲：曲意迁
就，委婉动听。❻甚若：很像是。
❼踪迹露见：原形毕露。❽唾去：
唾弃。❾厚：丰厚，增加。❿思
绎：思索探求。⓫缔：固结不解。
⓬萌：发生，开始。

译文

待人接物时，如果总是
怀着傲慢、虚伪、嫉妒、怀

清钱慧安绘《月下教子图》

疑之心，这是自取轻蔑与侮辱，道德高尚的君子是不会这么干的。怀有傲慢之心的人，明明不如别人，却喜欢轻视鄙薄别人。见到地位低于自己以及有求于己的人，不仅当面不以礼相待，还在背后讥笑人家。这种人如果能反省自己，可能会惭愧得汗流浃背。怀有虚伪之心的人，言语委婉动听，好像对别人很厚道，心里则大相径庭。这种人一时之间被人信任仰慕，可与他打上两三次交道，其真面目就暴露无遗，最终被人唾弃。怀有嫉妒之心的人，常把自己放在高出别人的地位，所以听到赞美别人时，就愤然不平，不以为然；听到别人有什么地方不如自己，就感到欣慰发笑，这对别人有什么损害呢？只不过徒增对你的怨恨而已。怀有疑心的人，人们说的话，可能是随口说说，他却反复思索探求："这到底在讥讽我什么？那又到底在嘲笑我什么？"这种人与人结怨，往往就是从此开始的。贤明的人听到别人对自己讥讽嘲笑，就像没听见一般，这难道不省了许多烦恼事吗？

评说

本文节录自《袁氏世范·处己》中的一则，作者指出，怀有傲慢之心、虚伪之心、嫉妒之心、怀疑之心的人，在与人交往中往往表现出一些不该有的态度和行为，因而被人轻视，自取其辱。他规劝人们学习贤人豁达的心胸，加强自身修养，正确处理待人接物事宜。

清钱慧安绘《教子成名》图

朱子家训

朱熹

朱熹（1130～1200），字元晦，号晦庵，别号紫阳，徽州婺源（今属江西）人，南宋哲学家、教育家。长期从事书院教育，主持白鹿洞书院、岳麓书院。博览群书，广注典籍，对经学、文学、史学、乐律以至自然科学都有不同程度的贡献。

作者简介

清人绘朱熹画像

原文

君之所贵者❶，仁也；臣之所贵者，忠也；父之所贵者，慈也；子之所贵者，孝也；兄之所贵者，友也；弟之所贵者，恭也；夫之所贵者，和也；妇之所贵者，柔也❷。事师长贵乎礼也，交朋友贵乎信也。

见老者，敬之；见幼者，爱之。有德者，年虽下于我❸，我必尊之；不肖者❹，年虽高于我，我必远之。慎勿谈人之短，切莫矜己之长⑤。仇者以义解之，怨者以直报之⑥，随所遇而安之⑦。人有小过，含容而忍之⑧；人有大过，以理而谕之⑨。勿以善小而不为，勿以恶小而为之。人有恶，则掩之⑩；人有善，则扬之⑪。

处世无私仇，治家无私法。勿损人而利己，勿妒贤而嫉能。勿称忿而报横逆⑫，勿非礼而害物命。见不义之财勿取，遇合理之事则从。诗书不可不读，礼义不可不知。子孙不可不教，童仆不可不恤⑬。斯文不可不敬⑭，患难不可不扶⑮。守我之分者，礼也；听我之命者，天也⑯。人能如是，天必相之⑰。此乃日用常行之道，若衣服之于身体，饮食之于口腹，不可一日无也，可不慎哉！

——《紫阳朱氏宗谱》

清汪斌所篆闲章《闻善则乐》

①贵：尊重，重视。②柔：和，顺。③下：小于。④不肖：不才，不贤。⑤矜：夸耀。⑥直：正直。⑦随所遇而安之：处在任何环境中，都能安然自得，感到满足。随，顺从。遇，境遇。⑧含容：宽容。⑨谕：告晓，告示。⑩掩：掩盖，掩饰。⑪扬：传布，称颂。⑫称：兴，举。横逆：强暴无礼。⑬恤：顾念，体恤。⑭斯文：文人学者。⑮扶：扶持，帮助。⑯听：听从，接受。天：天命，命运。⑰相：辅助，扶助。

明郭诩绘朱熹画像

羹污朝衣

包容是一种美德，历代都不乏这种范例。此图为清柴延年辑《圣谕像解》插图《羹污朝衣》，讲述汉代刘宽朝衣被什女弄脏，却不发怒，体现了他宽以待人的品格

国君看重的是仁爱，臣子看重的是忠诚，父亲看重的是慈爱，儿子看重的是孝敬，兄长看重的是友爱，弟弟看重的是恭敬，丈夫看重的是和谐，妻子看重的是和顺。侍奉师长看重的是礼节，结交朋友看重的是诚信。

遇到老人要尊敬，看见幼者要爱护。有德之人，即使年纪比我小，也应尊敬他；品行不端者，纵然年纪比我大，一定远离他。不要谈论别人的缺点，切莫夸耀自己的长处。对仇者通过讲道理化解仇恨，对怨者以正直的态度对待他，遇到什么样的环境都能安然自得。别人有小过，应有包容之心；别人犯大错，则以道理明喻。不要因为好事小而不做，也不要因为坏事小就去做。别人有缺点，应帮他掩盖；别人有优点，应帮他宣扬。

处世不结私仇，治家不立私法。不做损人利己的事情，不有妒贤嫉能

的心态。不要声言愤恨对待蛮不讲理的人，不要违反事理伤害人和动物的生命。见到不义之财不去拿，遇到合理之事要顺从。诗书不可不勤读，礼义不可不知道。子孙不可不教育，仆从不可不体恤。有识之人不可不尊敬，危难之人不可不帮助。谨守做人本分，合乎礼的规范；听从命运安排，一切由上天决定。如果做到以上这些，老天也会前来相助。这些都是日常生活中应该做到的，就像衣服之于身体，饮食之于口腹，每天都不可缺少，怎能不慎重对待呢？

评说

　　朱熹一生淡泊名利，安守清贫，《朱子家训》是其治家、做人思想的浓缩，虽只有寥寥数百字，却字字珠玑，全面阐述了朱熹关于做人的准则。《朱子家训》倡导家庭亲睦、人际和谐和重德修身，从"慈、孝、友、恭、和、柔"诸方面对父子、兄弟、夫妻之间伦理道德关系做了重要论述，指出每个人在家庭中应尽的道德责任和相应义务；强调人们无论贵贱贫富，都要和谐相处，并针对重德修身提出许多深含哲理的见解。

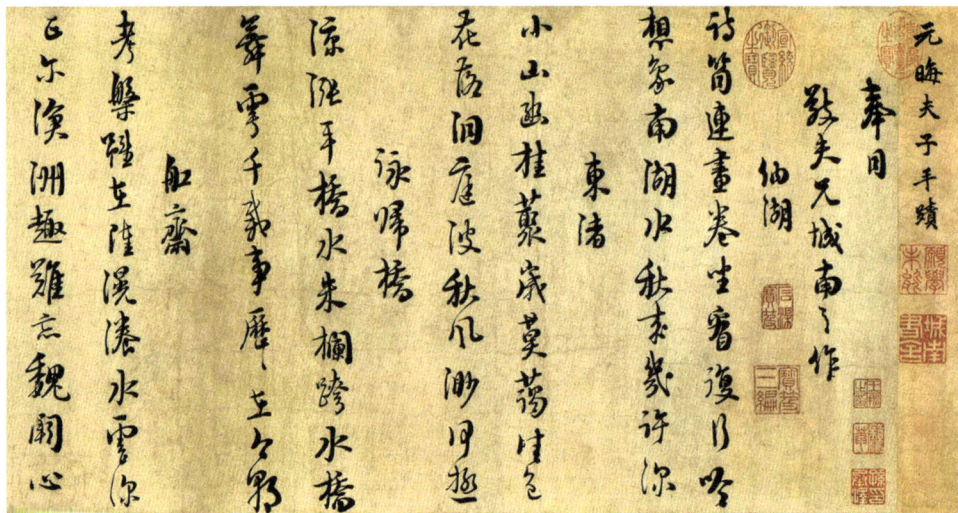

宋朱熹书法作品《城南唱和诗卷》（局部）

yǔ zhǎng zǐ shòu zhī
与 长 子 受 之（节录）

朱 熹

原文

交友之间，尤当审择❶。虽是同学，亦不可无亲疏之辨。此皆当请于先生，听其所教。大凡敦厚忠信，能攻吾过者❷，益友也；其谄谀轻薄❸，傲慢亵狎❹，导人为恶者，损友也。推此求之，亦自合见得五七分❺，更问以审之，百无所失矣。但恐志趣卑凡❻，不能克己从善，则益者不期疏而日远❼，损者不期近而日亲。此须痛加检点而矫革之❽，不可荏苒渐习❾，自趋小人之域❿。如此，则虽有贤师长，亦无救拔自家处矣。

——《训子帖》

清《学山堂印谱》所辑闲章
《居不必无恶邻，会不必无损友》

135

❶审择：审慎选择。❷攻吾过：指出我的过失。❸谄谀：阿谀奉承。❹亵狎：亲近而不庄重。❺五七分：十分之五或之七。❻卑凡：低下平庸。❼期：希望。❽矫革：矫正改变。❾荏苒：渐进，推移。❿趋：奔向，堕入。

译文

结交朋友，尤其应谨慎选择。即使是同学，也不能没有亲近与疏远的区别。这些都应该请示老师，听他们的指导。凡是为人敦厚守信，能指出我过失的人，就是有益的朋友；而阿谀奉承，轻佻刻薄，傲慢无礼，行为放荡，引导别人做坏事的人，则是有害的朋友。照此原则推求，自然可以把握十之五七，再加上多方了解，就百无一失了。就怕自己志趣低下平庸，不能克服缺点而从善如流，那么有益的朋友不希望疏远却日渐疏远，有害的朋友不希望亲近却日渐亲近。这些都必须痛下决心加以检讨并予以改正，千万不可蹉跎光阴，浸染恶习，日渐趋向小人的境地。到了那种地步，即使有贤良的师长，也没有办法可以补救了。

评说

本文节录自朱熹写给儿子的家书，指出交友必须审慎选择。作者提出择友的标准，其中"能攻吾过者，益友也"的观点值得重视。这种直言规劝的朋友，即通常说的"诤友"，忠实可靠，值得信任。与益友相交，对我们完善道德，成就事业，都大有帮助。

社仓法是南宋救济灾民之法，由朱熹等人创制，后在全国推行。此图为明涂时相编《养蒙图说》插图《社仓备赈》，讲述建宁府发生饥荒，朱熹请求朝廷赈灾，帮灾民渡过难关的故事

赣州书示四侄正思等

王守仁

王守仁（1472～1528），字伯安，世称阳明先生，余姚（今属浙江）人。明代哲学家、教育家。早年反对宦官刘瑾，后镇压农民起义和平定"宸濠之乱"，封新建伯，官至南京兵部尚书。卒谥文成。创"心学"对抗程朱理学，提出"致良知""知行合一"学说，在明代中后期影响很大，还流行到日本。

作者简介

清人绘王守仁画像

原文

近闻尔曹学业有进❶，有司考校❷，获居前列。吾闻之喜而不寐，此是家门好消息。继吾书香者❸，在尔辈矣，勉之勉之！吾非徒望尔辈但取青紫❹，荣身肥家❺，如世俗所尚，以夸市井小儿❻。尔辈须以仁礼存心，以孝弟为本，以圣贤自期❼，务在光前裕后❽，斯可矣。吾惟幼而失学无行，无师友之助，迨今中年⑨，未有所成。尔辈当鉴吾既往，及时勉力，毋又自贻他日之悔⑩，如吾今日也。习俗移人⑪，如油渍面⑫，虽贤者不免，况尔曹初学小子，能无溺乎⑬？然惟痛惩深创⑭，乃为善变。昔人云："脱去凡近，以游高明⑮。"此言良足以警，小子识之⑯！吾尝有《立志说》与尔十叔⑰，尔辈可从钞录一通⑱，置之几间，时一省览，亦足以发。方虽传于庸医，药可疗夫真病。尔曹勿谓尔伯父"只寻常人尔，其言未必足法"，又勿谓"其言虽似有理，亦只是一场迂阔之谈⑲，非吾辈急务"。苟如是，吾未如之何矣。读书讲学，此最吾所宿好⑳。今虽干戈扰攘中㉑，四方有来学者，吾未尝拒之。所恨牢落尘网㉒，未能脱身

明程君房制赤水珠纹墨

而归。今幸盗贼稍平，以塞责求退^㉓，归卧林间^㉔，携尔曹朝夕切磋砥砺^㉕，吾何乐如之！偶便，先示尔等，尔等勉焉，毋虚吾望^㉖。正德丁丑四月三十日。

——《王阳明集》

注释

❶尔曹：你等小辈。曹，辈。❷有司考校：官署考试。有司，古代设官分职，各有专司，故称有司。❸书香：古代以芸香草防蠹虫咬蛀书籍，夹有此草的书籍有清香之气，故称书香。后为读书风气或读书家风的美称。❹青紫：青色、紫色是古代高官绶带的颜色，此处借指高官显爵。❺荣身肥家：使自身荣耀，使家庭富裕。❻市井：古代做买卖的地方。小儿：对商人或一般百姓的贱称。❼自期：自己的期望。❽光前裕后：为前代增光，为后代造福。❾迨：及，到。❿贻：遗留。⓫移人：改变人的性格气质。⓬如油渍面：如油污沾在脸上。⓭溺：沉迷。⓮痛惩深创：市井习俗对人的坏影响。痛惩，狠狠处罚。深创，严重的创伤。⓯脱去凡近，以游高明：远离庸俗浅薄之人，与高明之人交往。⓰识：记住。⓱《立志说》：《示弟立志说》，王守仁写给弟弟的一封信。⓲一通：用于文书，表示一份。⓳迂阔：迂腐，迂远而不切实际。⓴宿好：素来所爱好的。㉑干戈扰攘：指战乱。干戈，两种兵器盾和戟。扰攘，混乱，不太平。㉒牢落尘网：无所寄托尘世。牢落，孤寂，无聊。尘网，尘世。㉓塞责：尽责任。㉔归卧林间：到山林中隐居。㉕切磋：骨角玉石等加工工艺。后用以比喻道德学问方面相互研讨勉励。砥砺：磨砺，磨炼。㉖虚：空。

明王守仁手书行书五言诗立轴

　　近来听说你们学业有所进步，在官府考试中名列前茅。我听后高兴得难以入睡，这是我们家的好消息。能继承我家书香的，就在你们这一辈，努力吧，努力吧！我并不希望你们只取得高官显爵，使自身荣耀、家庭富裕，正如世俗所崇尚的，以此夸耀市井小儿。你们必须时刻牢记仁礼，把孝悌作为做人根本，把成为圣贤作为对自己的期望，为前代争光，为后代造福，这样就可以了。我只是可惜幼而失学无善行，缺乏老师朋友的帮助，所以到了中年，也没取得什么成就。你们应当吸取我过去的教训，抓紧时间努力，不要给将来留下遗憾，就像我现在这样。习俗改变人的性格气质，如同油污沾在脸上，即使贤者也在所难免，更何况你们初学的小儿，能不沉迷其中吗？只有彻底去除市井习俗的影响，才能向好的方面转变。古人说："远离庸俗浅薄之人，与高明之人交往。"这句话说得好，足以作为警示，你们一定要记住！我曾经给弟弟（你们十叔）写有《立志说》，你们可以抄录一份，放在案桌旁，时时浏览，以资启发。药方虽然传给庸医，但药材可以治病。你们不要说伯父"只是寻常人，他的话未必可以效法"，也不要说"他的话虽然看似有理，只不过是一场迂腐之谈，并不是我们急于追求的"。假如这样，我不知该说什么好了。读书讲学，是我素来的爱好。如今虽处战乱之中，四方有来求学者，我从未拒绝过。遗憾的是无所寄托尘世，不能脱身而归。幸好盗贼叛乱逐渐平定，因已尽职责而要求返乡，隐居山林，带着你们朝夕切磋磨炼，什么事能比得上这个快乐呀！恰巧方便，先给你们看，你们可要努力呀！不要让我的希望落空。正德丁丑年四月三十日。

明蟠龙月字镜

　　本文是王守仁于正德十二年（1517）四月三十日写给王正思等小辈的家书。作为教育家，王守仁十分重视对子侄们的教育。得知侄儿们学业进步的消息时，喜不自胜，写了这封家书。对他们赞许有加的同时，指出并不希望他们只取得高官显爵，使自身荣耀、家庭富裕，而要修身养性，以道德高尚的圣贤为榜样，使后人得福。

jiā xùn

家训

霍韬

作者简介

霍韬（1487～1540），字渭先，号渭厓，明代南海（今广东南海）人。正德九年会试第一，历任礼部尚书，吏部左、右侍郎，南京礼部尚书，死后谥文敏。

原文

fán zǐ zhí duō jì nóng zuò bù zhī yòu shì nóng yè zé
凡子侄，多忌农作[1]，不知幼事农业，则
bù zhī sù rù jiān nán bù shēng chǐ xīn yòu shì nóng yè zé xí
不知粟入艰难，不生侈心。幼事农业，则习
héng dūn shí bù shēng xié xīn yòu shì nóng yè lì shè qín kǔ
恒敦实[2]，不生邪心。幼事农业，力涉勤苦，
néng xīng qǐ shàn xīn yǐ miǎn yú zuì lì gù zǐ zhí bù kě bú lì
能兴起善心，以免于罪戾[3]，故子侄不可不力
nóng zuò
农作[4]。

fán fù jiā jiǔ zé shuāi qīng yóu wú gōng ér sì rén zhī
凡富家，久则衰倾[5]，由无功而食人之
shí fú wú gōng sì rén zhī shí shì wèi lì mín zì yǎng fán lì
食[6]。夫无功食人之食，是谓厉民自养[7]。凡厉
mín zì yǎng zé yǒu tiān yāng gù jiǔ xiǎng fù yì zé zhì shuāi qīng
民自养，则有天殃。故久享富佚[8]，则致衰倾，
shèn zé wéi nú pú wéi niú mǎ gù zǐ zhí bù kě bú lì nóng zuò
甚则为奴仆，为牛马，故子侄不可不力农作。
hàn qǔ shì shè xiào tì lì tián kē dūn shí wù běn yě
汉取士，设孝弟力田科，敦实务本也[9]。

fán wéi guān zhě rú jiē chū zì nóng jiā yǒu bú xù mín jiān zhě huò
凡为官者，如皆出自农家，有不恤民艰者或
guǎ yǐ zǐ zhí rù shè xué yù nóng shí jù zàn lì nóng yí
寡矣。子侄入社学[10]，遇农时俱暂力农[11]，一
rì huò yín mǎo lì nóng wèi shēn dú shū huò yín mǎo dú shū wèi
日或寅卯力农[12]，未申读书[13]；或寅卯读书，未
shēn lì nóng huò chūn xià lì nóng qiū dōng dú shū wù xiù shǒu zuò
申力农。或春夏力农，秋冬读书，勿袖手坐
shí yǐ zhì qióng kùn
食，以致穷困。

fán shè xué shī xū kǎo shè xué shēng wù nóng lì běn jū jiā
凡社学师，须考社学生务农力本，居家
xiào tì yǐ jì xíng shí xiāng jiān jiāo guì zǐ dì chǐ lì tián wù
孝弟，以纪行实。乡间骄贵子弟，耻力田勿
qiáng běn jiā zǐ zhí xiōng dì rù shè xué chǐ lì tián chǐ běn fèn
强[14]。本家子侄兄弟，入社学耻力田，耻本分
shēng lǐ chū fàn zé èr shí zài fàn zé sān shí sān fàn chì chū
生理，初犯责二十[15]，再犯责三十，三犯斥出，
bù xǔ rù shè xué
不许入社学。

——《渭厓家训》

注释

❶忌：顾忌，畏惧。❷敦实：淳厚。❸罪戾：罪过。❹力：致力于。❺衰倾：衰败，倾覆。❻食人之食：吃别人种的粮食。❼厉：残害。❽富佚：富足安逸。❾本：根本。❿社学：明清时期设于乡间的学校。⓫暂：短暂的时间。⓬寅卯：寅卯时辰，相当于凌晨三点至七点。⓭未申：未申时辰，相当于下午一点至五点。⓮耻：以……为耻。⓯责：惩罚，责罚。

　　家中子侄，大都不愿意干农活，殊不知小时候不参加农业劳动，就不懂得粮食来之不易，必会产生奢侈之心。小时候参加农业劳动，则习性持久淳厚，不会产生邪恶之心。小时候参加农业劳动，经历勤苦，能兴起善心，可免于罪过，所以子侄们不可不从事农业生产。

　　大凡富贵人家，时间长了家业就会衰败，是因为无功而吃别人种的粮食。无功而吃别人种的粮食，是残害百姓而养活自己。凡是残害百姓而养活自己，必会遭受老天的惩罚。所以久享富贵安逸，就会导致衰败，甚至会沦为奴仆，做牛做马，所以子侄们不可不从事农业生产。

　　汉代选拔官吏和人才，设有孝悌和力田科，就是为了提倡敦厚笃实，致力根本。凡是为官者，如果都出身农家，不体恤百姓疾苦的人就会很少。子侄们进入社学，遇到农忙时都要暂时去参加农业生产，一天之内，或早上劳动，下午读书；或早上读书，下午劳动。一年之内，或春夏劳动，秋冬读书，不能袖手白吃，以致穷困。

　　社学老师要考察学生，看他们是否从事农活，致力根本，居家是否孝顺父母，爱护兄弟，以此记录他们的表现。乡间富贵子弟，以干农活为耻者不要强求。咱们本家的子侄兄弟，入社学后如果以干农活为耻，这是耻做自己分内谋生之事，初犯者责打二十下，再犯者责打三十下，第三次就呵斥出校，不许进入社学。

　　霍韬在家训中指出，子侄们从小参加农业劳动，可以体验农民种田的辛苦，知道粮食来之不易，就会养成俭朴敦厚的品性；反之，不劳而食，害人肥己，必致衰落贫困。他要求子侄们在农忙时，都要暂时去参加田间劳动。一天之内，一年之内，都定出参加劳动的时间，尤疑是很有见地的，今天仍然值得借鉴和提倡。

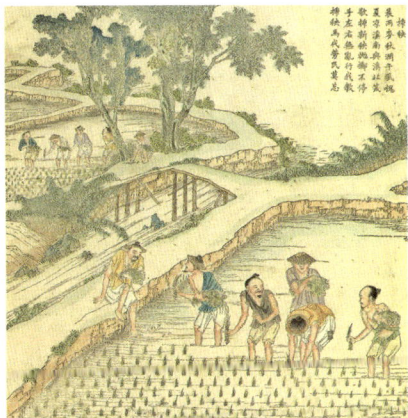

清焦秉贞绘《御制耕织图》之《插秧》

训子语
xùn zǐ yǔ

郑晓

作者简介

　　郑晓（1499～1566），字窒甫，明代海盐（今浙江海盐）人。任兵部右侍郎，兼副都御史，总督漕运，大败倭寇。后官至右都御史、刑部尚书，受严嵩打击罢官，死后追复官职，谥端简。

原文

胆欲大，心欲小❶；智欲圆❷，行欲方❸。大志非才不就，大才非学不成。学非记诵云尔，当究事所以然，融于心目，如身亲履之❹。南阳一出即相❺，淮阴一出即将❻，果盖世雄才❼，皆是平时所学，志士读书当知此。不然，世之能读书能文章不善做官做人者最多也。

清沈世篆《胆欲大而心欲小，智欲圆而行欲方》

——《戒庵堂老人漫笔》

144

❶小：精细。❷圆：圆通，灵活。❸方：正直，方正。❹亲履：亲自实践。❺南阳一出即相：东汉末年，诸葛亮隐居南阳，刘备三顾茅庐，诸葛亮一出山就成为刘备的军师。❻淮阴一出即将：楚汉战争初期，韩信不受刘邦重视，逃离汉军。萧何月下追回韩信，刘邦登坛拜将，任命韩信为大将，后封淮阴侯。❼果：果真，当真。

译文

一个人做事要胆大有魄力，但考虑事情要细致周密；一个人运用智谋要圆通灵活，但行为举止要正直端方。大志向没有才干不能成功，大才干没有勤学不能成就。学习不仅仅是能记能背，而且是要探究事物的本原，融会贯通，如同亲身实践。南阳的诸葛亮一展露才华就任丞相，淮阴的韩信一被重用就拜为大将，他们果真都是盖世雄才，这都是平时努力学习的结果，有志之士读书应当知道这些。不然的话，世上能读书能写文章却不善于做官做人者就太多了。

评说

这篇文章是郑晓训诫儿子的话。"胆欲大，心欲小；智欲圆，行欲方"出自《旧唐书·孙思邈传》，被当作做人做事的准则，成为广泛流传的格言。郑晓指出，学习不能只停留在背诵上，而应该探究事物本原，融会贯通。这些结论是他通过亲身实践得出来的，用简练的话传给儿了了，其丰富的内涵，值得人们学习借鉴。

近代马骀绘《历代名将画谱》之《登坛拜将》，描绘刘邦拜韩信为大将时的场景

gěi zǐ xiāng shū
给子襄书

沈 炼

作者简介

沈炼（1507～1557），字纯甫，号青霞，会稽（今浙江绍兴）人。明嘉靖进士。历任溧阳、茌平知县，锦衣卫经历。性格耿直，疾恶如仇。因弹劾严嵩十大罪状，被诬陷勾结白莲教叛乱而遭杀害，后追谥忠愍。

清刻本《越中三不朽图赞》中的沈炼画像

原文

fàn zhòng yān zuò xiù cái shí
范仲淹做秀才时❶，即以天下事自任。

kuàng jīn nán běi gào jǐng　hàn bá lián nián　tiān biàn rén zāi　sì
况今南北告警，旱魃连年❷，天变人灾，四

fāng dié xiàn　dāng cǐ zhī shí　bù kě wèi wú shì yǐ　rǔ děng
方迭见❸，当此之时，不可谓无事矣！汝等

bù néng chū yì yán　dào yí cè　yǐ wèi cháo tíng guó jiā　zhǐ zhī xún
不能出一言，道一策，以为朝廷国家；只知寻

zhāng zhāi jù　yōng róng yú lǐ dù zhī jiān　dá wèi zé rèn bú zài
章摘句，雍容于礼度之间❹，答谓责任不在

yú wǒ　yīn xún suì yuè　shí zhì ér bù wéi　shì shī ér xū nì
于我。因循岁月，时至而不为，事失而胥溺❺，

zé rǔ děng píng shēng zhī suǒ xué zhě gèng yì hé yì　nán fāng fēng qì
则汝等平生之所学者更亦何益？南方风气

xiù bá　qǐ wú xióng jùn cái jié zhī shì yé　wú yuàn rǔ qīn zhī jìng
秀拔，岂无雄俊才杰之士邪！吾愿汝亲之敬

146

之。其阿庸无识之徒❻，愿汝等疏之远之。

天降烈祸，殿廷灰烬，旬日之内，宫殿继烧。此乃贼臣擅权肆恶❼，以致阴阳失节，而祸固起于朝廷，土木大兴，而害则延于百姓矣。宣大臣僚❽，与敌通和，私相纳贿，无复人理。吾以中心耿郁❾，有事必直言于当道❿，彼等亦稍畏缩。但廊庙之中⓫，欺君之计通行，而鬻官之声大震⓬，不能不动汝父之忧耳。

——《青霞集》

❶范仲淹：北宋政治家、文学家，其名言"先天下之忧而忧，后天下之乐而乐"为后世传诵。❷旱魃：古代传说中能造成旱灾的妖怪。❸迭见：屡次看到。❹雍容：从容不迫的样子。这里是说悠闲自得。❺胥：全部。溺：沉迷。❻阿庸无识：平庸无见识。❼贼臣：指奸相严嵩。❽宣大：宣府、大同的简称。当时曾设宣大总督，掌管该地区军政大权，抵御蒙古俺答的入侵。❾耿郁：郁闷。❿当道：皇上。⓫廊庙：朝廷。廊，指宫殿；庙，宗庙，都是政治活动的中心。⓬鬻官：卖官。

清人绘严嵩画像

　　范仲淹在做秀才时，就把天下忧乐看作自己的责任。何况现在南北边境不断传来警报，干旱连年，天灾人祸，全国各地不断出现，这种时候，不能说国家太平无事啊！你们不能进一言，提出一个对策，为国家着想；只知道在书中寻章摘句，从容不迫地讲求繁琐礼节，认为国家如此责任不在自己。任时光流走，每天碌碌无为，该做的事情不去做，你们平时所学的知识有什么用呢？南方风气良好，难道没有英雄豪俊的杰出人才！希望你多亲近尊敬这样的人。至于那些平庸无识之徒，则希望你远离他们。

　　天降大灾，殿宇烧成灰烬，十天之内，宫殿又被烧毁。这些都是因为奸臣严嵩专权乱政，以致阴阳失调，灾祸固然起于朝中奸臣当道，大兴土木，然而受苦的还是老百姓。宣府、大同一带的地方官员，与敌人暗中勾结，接受贿赂，完全丧失人性。我因为心里郁闷，有事就向皇上直言不讳，他们也稍知敬服收敛。但现在朝廷里欺瞒皇上的事畅通无阻，卖官鬻爵的事到处都有，这些不能不使我感到忧虑。

　　本文是沈炼写给儿子的家书，抒发自己对奸臣专权肆恶的痛恨和忧国忧民的积郁心情。他以北宋名臣范仲淹为表率，教导儿子多亲近尊敬俊杰之士，疏远阿庸无知之徒，在国家危难之际，不可虚度光阴，应担负责任，为国家建言献策，有所作为。

乐後忧先

明涂时相编《养蒙图说》插图《先忧后乐》，展现范仲淹先天下之忧而忧，后天下之乐而乐的博大胸怀

谕儿辈
yù ér bèi

周怡

周怡（1506～1569），字顺之，号讷溪，明代太平县人。嘉靖进士。曾任吏科给事中，因上书救助尚书许赞，两次坐牢。隆庆初，升任太常少卿。由于抨击当权宦官，被贬为青州兵备佥事。天启间追谥忠节。

原文

由俭入奢易，由奢入俭难。饮食衣服，若思得之艰难，不敢轻易费用❶。酒肉一餐，可办粗饭几日❷；纱绢一匹❸，可办粗衣几件。不馋不寒足矣❹，何必图好吃好着？常将有日思无日❺，莫待无时思有时，则子子孙孙常享温饱矣❻。

——《周讷溪集》

清沈恭所篆闲章《去奢去泰》

注释

❶费用：耗费，损耗。❷办：备办，置办。❸绢：生丝织成的一种丝织品。

❹馋：贪吃。❺有日思无日：有吃穿的日子想想没有吃穿的日子。❻常享：长久享有。

译文

由节俭进入奢侈容易，由奢侈进入节俭困难。饮食衣服，如果想到它们来之不易，就不会轻易浪费。吃一顿酒肉的钱，可以置办几天粗茶淡饭；买一匹纱绢的钱，可以做几件粗布衣服。不挨饿不受冻就很满足，何必贪图那些好吃好穿呢？有吃穿的日子要经常想想没有吃穿的日子，不要等到没有的时候再想曾经有的时候，这样子子孙孙就会长久享有温饱的生活了。

评说

本文是周怡写给儿子的家书，教训儿辈应节俭过日子，从一衣一饭说起，细致入微，言辞平易，亲切感人。其中，"由俭入奢易，由奢入俭难""若思得之艰难，不敢轻易费用""常将有日思无日，莫待无时思有时"等语，都是至理箴言，发人深省。

清人绘《帝鉴图说》之《留衲戒奢》，讲述南朝宋刘裕主张勤俭节约，称帝后将昔日打补丁的衣服交给会稽公主收藏，以提醒后世子孙注意节俭的故事

示儿书

任 环

任环（1519～1558），字应乾，号复庵，山西长治人。明嘉靖进士。抗倭名将。历任广平、沙河、滑县知县，苏州府同知，按察司金事等。曾在江苏太仓、宝山等地打败倭寇，又在苏州击退倭寇的围攻。战绩辉煌，以敢战著称。

作者简介

清顾沅辑《吴郡名贤图传赞》中的任环画像

原文

儿辈莫愁，人生自有定数❶，恶滋味尝些也有受用❷，苦海中未必不是极乐国也。读书孝亲，无遗父母之忧，便是常常聚首矣，何必一堂亲人？我儿千言万语，絮絮叨叨，只欲乃父回衙，何风云气少❸，儿女情多？倭贼流毒❹，多少百姓不得安家。尔老子领兵，不能诛讨，啮毡裹革❺，此其时也。安能作楚囚对尔等相泣圄圉间耶❻？

151

此后时事不知如何，幸而承平[7]，父子享太平之乐，期做好人。不幸而有意外之变，只有臣死忠，妻死节，子死孝，咬紧牙关，大家成就一个"是"而已[8]。汝母前可以此言告之，不必多话。四月廿四日太仓城西伏书。

——《坚瓠集》

马援一生戎马，老当益壮，最终病死沙场。此图为清刻本《百将图说》插图《聚米为山》，讲述马援用米堆成山川地势模型，为刘秀讲解西征隗嚣形势的故事

你们不要发愁，人的一生自有定数，多吃些苦也有好处，苦海未必不是极乐世界。只要读书学习，孝顺双亲，不使父母操心，就像常常见面一样，何必要相聚一堂呢？你说了千言万语，絮絮叨叨，只是想让我回到衙门，怎么如此缺乏豪气，而多儿女情长呢？现在倭寇四起，多少百姓们无家可归。我带兵征讨，如果不能成功，像苏武一样吃毡毛充饥，像马援一样以马革裹尸，也正是时候。怎能作处境窘迫之态回家与你们相泣于内室呢？

今后的事还不知如何发展，如果幸而天下太平，父子同享太平之乐，期望能做好人。如果不幸有意外发生，只有臣子为忠诚而死，妻子为贞节而死，人子为孝道而死，大家咬紧牙关，死得其所而已。可以把我这些话告诉你的母亲，不需要多说什么。四月二十四日于太仓城西伏案而书。

近代马骀绘《苏武牧羊图》

任环是嘉靖时期的抗倭将领，因长期劳累，多处受伤。儿子写信让他回家养伤，他没有答应，写了这封家书作为答复。任环批评儿子少豪气而多儿女之情，表现了英勇杀敌、保国安民的坚定决心和豪迈气概。其为国为民，视死如归的精神，对后辈们是很好的教育。

153

训家人

史桂芳

作者简介

史桂芳（1518～1598），字景实，号惺堂，明代鄱阳（今属江西）人。嘉靖进士。历任歙县知县，延平、汝宁知府，两浙转运使。政绩甚佳，颇有官声。

原文

陶侃运甓❶，自谓习劳，盖有难以直语人者❷。劳则善心生，养德养身咸在焉。逸则妄念生❸，丧德丧身咸在焉。吾命言儿稽孙，不外一"劳"字，言劳耕稼，稽劳书史❹，汝父子其图之。

清顾沅辑《古圣贤像传略》中的陶侃画像

——《惺堂文集》

注释

❶陶侃运甓：陶侃为东晋庐江浔阳（今湖北黄梅）人，曾任广州刺史，

朝夕运甓以习劳。后以"运甓"比喻刻苦自励。典出《晋书·陶侃传》。
❷直语人:率直告诉他人。❸逸:生活安逸。妄念:荒诞的念头。❹书史:
经书、史书。

晋代陶侃搬运砖石,自己却说是习惯劳作,大概是不想对人直接说出自己的志向。劳动能使人产生善心,培养德行的同时,还能锻炼身体。贪图安逸容易产生妄念,道德败坏的同时,还会危及生命。我要求儿子史言、孙子史稽,不外一个"劳"字,史言努力耕田种地,史稽勤奋读书学习,你们父子要一起努力呀!

本文是史桂芳写给家人的一封信,用东晋陶侃运砖劳动的故事教育家人,指出"劳""逸"造成的不同后果,把劳动看作养德养身的关键,把安逸看作丧德丧身的祸首,要求儿孙们要从事劳动。这种远见卓识,值得肯定,对今天的家庭教育仍有一定的启示作用。

運甓習勞

明焦竑撰《养正图解》插图《运甓习劳》,讲述陶侃受到王敦猜疑,不受重用,但仍珍惜光阴,勤于操练,每天早晚来回搬砖,以磨炼意志的故事

寄训子弟

卢象昇

卢象昇（1600～1638），字建斗，明末宜兴人。天启进士。力大善射，娴于将略，善治军，曾任兵部侍郎。后为督师，力抗清兵，因受朝臣杨嗣昌掣肘，炮尽矢穷，奋战而死。

作者简介

清刻本《明大司马卢公集》中的卢象昇画像

原文

古人仕学兼资，吾独驰驱军旅❶。君恩既重，臣谊安辞？委七尺于行间❷，违二亲之定省❸。扫荡廓清未效❹，艰危困苦备尝。此于忠孝何居也？愿吾子弟思其父兄，勿事交游，勿图温饱，勿干戈而俎豆❺，勿弧矢而鼎彝❻。名须立而戒浮，志欲高而无妄❼。殖货矜愚❽，乃怨尤之咎府❾；酣歌恒舞，斯造物之僇民❿。庭以内恫愊无华⓫，门以外卑谦自牧⓬。

非惟可久，抑且省愆^⑬。凡吾子弟，其佩老
fēi wéi kě jiǔ　　yì qiě shěng qiān

生之常谈；惟我一生，自听彼苍之祸福。
shēng zhī cháng tán　　wéi wǒ yì shēng　　zì tīng bǐ cāng zhī huò fú

——《忠肃集》

注释

❶驰驱：策马疾行。❷七尺：人身高约古尺七尺，因以"七尺"代称身躯。行间：军队。❸省：问候，探望。❹廓清：肃清，澄清。❺干戈：干、戈为两种兵器，这里指战争。俎豆：两种祭祀宴饮用的礼器，也指祭祀、崇奉。❻弧矢：弓和箭。鼎彝：古代青铜礼器的总称。❼妄：荒诞，无根据。❽殖货：经商取利。矜：炫耀。❾咎府：根源。❿僇民：受过刑罚的人。⓫悃愊：至诚。⓬牧：自我修养。⓭愆：过失。

译文

　　古人既做官又兼治学，我独自奔走于军旅之间。皇上的恩典既重，为臣之义怎可推辞？委身七尺之身于行伍之间，不能早晚向父母请安问好。扫荡敌人、安定天下的任务还未完成，却已备尝艰辛困苦。忠孝又表现在什么地方呢？希望我家子弟想着你们的父兄，不要从事交游，不要只求温饱，不要值兵戎而想祭享，不要执弓箭而想铭之鼎彝。名声要立，但戒浮名；志气要高，不可狂妄。经商取利以炫耀愚民，是引起怨恨的根源；沉迷于酒醉歌舞，是造物主的罪人。居家要至诚俭朴，待人要谦虚尊敬。不但可保长久，还可减少过失。凡是我家子弟，希望记住这些老生常谈；我的一生是祸是福，则听凭上天的安排。

评说

　　这封家书写于卢象昇军务异常繁忙之时，但他仍谆谆告诫子弟，要想到父兄正在艰难地抗击外来侵略者，不要只想着自己的事情。力戒浮名，防止狂妄。不可殖货财而招怨恨，沉迷酒醉歌舞而为罪人。居家至诚质朴，待人谦虚尊敬。这些话在今天仍有教育意义。

示儿婿 （之二）
shì ér xù

彭士望

作者简介

彭士望（1610～1683），字达生，号躬庵，明末江西南昌人。青年时代起，就讲求经世济时的学问，慷慨而重节义。明朝灭亡后，隐居翠微山，耕种自给，在易堂讲学，与魏禧等称"易堂九子"。

原文

今之少年，私相讲习，成一学术。或稚而儿嬉，或老而世法❶；或好名而争忌，或角慧而夸奇❷；或狎亵而成玩比❸，或怨谤而致寇仇。凡此数端，俱足以消磨岁月，剥削元气❹。所营在分寸之间，其失有千里之谬❺。长而能悔，去日已多，骋辔求归❻，为途已远，坐是灭没十八九也。

何如出门之初，即持履错之敬❼？人必求其胜

清花榜所篆闲章《不汲汲于富贵，不戚戚于贫贱》

己，言不畏乎逆心[8]；恒自反其才之所不及，而无讳其力之所不能。以谦为基[9]，以厚为城[10]；宽为之居，坦为之行；无以爱憎败其德，无以智诈汨其灵[11]；惟勉勉以求益，非汲汲于知名[12]。夫是为之造小子而成大人。

——《耻躬堂文集》

注释

❶世法：沿用的习惯、常规。❷角：较量，争斗。❸狎亵：亲近而不庄重。玩比：亲近的玩伴，臭味相投。比，亲近。❹剥削：损耗。❺谬：差。❻辔：驾驭牲口的缰绳。❼履错：改正错误，即谦虚谨慎的态度。❽逆：忤逆。❾基：基础，根本。❿城：城邑。⓫汨：搞乱。⓬汲汲：急切地追求。

译文

现在有些少年，不从师治学，私下讲习，坚持某种所谓的学术观点。这些观点或幼稚流于儿戏，或陈旧而剽袭成法；或因为好名而争相嫉妒，或耍小聪明而自夸奇异；

清焦秉贞绘《百子团圆图》之一，描绘儿童打斗的场景

天津杨柳青年画《闹学顽戏》

或互不庄重而臭味相投，或因怨恨非议而成仇敌。所有这些，都足够消磨光阴，耗损精力。开始只差一点点，结果却谬以千里。长大后感到后悔，失去的时间已经很多，想要中途改正，已经走得太远，一生的时间已消耗十之八九。

何不在开始的时候，就怀着谦虚谨慎的态度结交师友？交朋友必求胜过自己的，听话不怕逆耳之言；常想自己才华达不到的，而不隐藏能力所不及的。以谦虚作为治学的根本，以忠厚作为交往的原则；居心常存宽恕，行事务求坦诚；不凭个人爱憎办事以致损坏德行，不耍聪明骗人以致搞乱灵性；只求勤奋学习有所获益，而不汲汲于功名利禄。这样就可以把少年造就成年轻有为之人。

评说

这是彭士望针对当时年轻人的不良习气，对儿子和女婿提出做人治学的更高要求。他指出治学要谦虚谨慎，待人要忠厚坦诚，广求良师益友，打好坚实基础，使德业日进，早日成才。不能把学术当作儿戏，或负气斗胜，追求虚名，白白浪费时间和精力。

示 儿

张履祥

张履祥（1611～1674），字考夫，桐乡（今属浙江）人。明末诸生，清初著名学者，居杨园村，时人称杨园先生。为人正直，亲事农事。后专心研究程朱理学，收徒讲学。

作者简介

清杨鹏秋绘《清代学者像传》（第二集）中的张履祥画像

原文

忠信笃敬❶，是一生做人根本。若子弟在家庭不敬信父兄，在学堂不敬信师友，欺诈傲慢，习以性成，望其读书明义理，向后长进❷，难矣。

欺诈与否，于语言见之；傲慢与否，于动止见之❸，不可掩也❹。自以为得，则害己；诱人出此，则害人。害己必至

清《学山堂印谱》所辑闲卓《子不听义，弟不听兄，妖之大者》

害人，害人适以害己⁵。人家生此子弟，是大不幸，戒之戒之！

——《杨园先生全集》

注释

❶笃敬：十分恭敬。❷向后：日后。❸动止：行动，措施。❹掩：掩饰，掩盖。❺适：恰好，正巧。

译文

忠诚守信，笃实有礼，是一生做人的根本。如果子弟在家不敬信父兄，在学堂不敬信师友，欺骗别人且傲慢无礼，慢慢养成这种习性，再希望他去读书明理，以后有所长进，是很困难的。

一个人是否狡诈，能从他的言谈话语中了解；是否傲慢，能从他的行为举止中发现，这些都是无法掩饰的。自以为得逞，是害了自己；引诱别人如此，是害了别人。害己的结果必然害人，害人又恰好害己。一个家庭如果有这样的子弟，是极大的不幸，以此为戒，以此为戒呀！

评说

张履祥提出忠诚守信，笃实有礼，是做人的根本。这一观点来自儒家思想，孔子就曾把"恭、宽、信"作为"仁"的重要内容。他还认为，子弟欺诈傲慢，不仅害己，同时害人，而害人与害己又互相联系，互相影响，是很有道理的。

信守诺言是一种美德，中国历代都不乏守信的典范。此图为明焦竑撰《养正图解》插图《雨不失期》，讲述战国时魏文侯信守诺言，在雨天仍按时赴约打猎的故事

<ruby>示<rt>shì</rt></ruby><ruby>子<rt>zǐ</rt></ruby><ruby>侄<rt>zhí</rt></ruby>

王夫之

王夫之（1619～1692），字而农，号姜斋，别号船山先生。衡阳（今属湖南）人。明清之际思想家。明亡后，潜心著述四十年，对天文、地理、历法、数学都有研究，尤精于经学、史学、文学。善诗文，也工词曲。主要贡献是在哲学上总结和发展了中国传统的朴素唯物论和辩证法。

作者简介

清杨鹏秋绘王夫之画像

原文

立志之始，在脱习气❶。习气薰人，不醪而醉❷。其始无端，其终无谓❸。袖中挥拳，针尖竞利。狂在须臾，九牛莫制❹。岂有丈夫，忍以身试！彼可怜悯，我实惭愧。前有千古，后有百世。广延九州，旁及四裔❺。何所羁络❻，何所拘执❼？焉有骐驹❽，随行逐队？无尽之财，岂吾之积。目前之人，皆吾之治。特不屑耳，岂为吾累。潇洒安康，天君无系❾。

163

亭亭鼎鼎⑩，风光月霁⑪。以之读书，得古
人意；以之立身，踞豪杰地；以之事亲，所养
惟志；以之交友，所合惟义。惟其超越，是以
和易。光芒烛天⑫，芳菲匝地⑬。深潭映碧，
春山凝翠。寿考维祺⑭，念之不昧⑮。

——《姜斋文集》

译文

人想树立志向有所作为，首先
要摆脱旧的不良习气。旧习气对人的
熏染，就像醇厚的酒气令人不饮自
醉。开始的时候没有头绪，最终就会
不知所以。袖子里挥拳，为针尖大的
小利争斗。只是一时的疯狂，九头牛
都无法制止。哪有男子汉，甘心去做

清剔红暗八仙纹桃式盖盒

这种事情？说来这些人着实可怜，我却为他们感到惭愧。前面有几千年历史，后面还要延传百世。广到全中国，旁及四边极远之地。有何羁绊，有何束缚？哪有志在千里之人，愿意和他们混在一起？那些无尽的财富，岂能成为我的积蓄。眼前的这些人，都是我修养身心的镜子。那些不屑一顾之人，怎能成为我的拖累。做人潇洒健康，心无任何拘束。高高大大，如雨过天晴，一片明净景象。这样读书学习，能领略古人深意；这样立身处世，能成为英雄豪杰；这样侍奉父母，能仰承亲志；这样结交朋友，能合于道义。因为志趣高雅，才能谦和平易。如灯烛辉煌照耀天空，花草满地香气袭人。像深潭映着碧波，春山凝成翠色。万古长青，高寿多福，希望你们不要忘记这些话。

清吴石仙绘《春山读书图》

评说

　　本文是王夫之写给子侄的一封信。他认为，一个具有远大理想的人，应该首先摆脱庸俗卑劣的习气，那些目光短浅，甚至为针尖大的小利大动干戈的人，成不了真正的人丈夫。他主张做人光明磊落，胸襟开阔，不为琐事所累，不要追逐名利。只有这样，才能更好地读书学习、立身处世、侍奉父母、结交朋友。

丙寅岁寄弟侄

王夫之

原文

和睦之道，勿以言语之失，礼节之失，心生芥蒂❶。如有不是，何妨面责❷，慎勿藏之于心，以积怨恨。天下甚大，天下人甚多，富似我者，贫似我者，强似我者，弱似我者，千千万万。尚然弱者不可妒忌强者❸，强者不可欺凌弱者，何况自己骨肉。有贫弱者，当生怜念，扶助安生；有富强者，当生欢喜心，吾家幸有此人撑持门户❹。譬如一人左眼生翳❺，右眼光明，右眼岂欺左眼，以灰屑投其中乎？又如一人右手便利，左手风痹❻，左手岂妒忌右手，愿其同瘫痪乎？

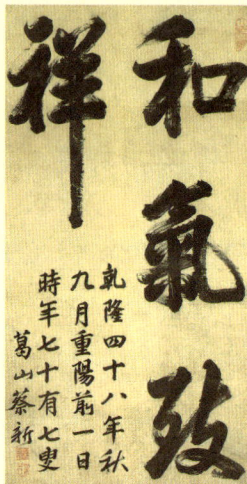

清蔡新行书《和气致祥》

——《姜斋文集》

❶芥蒂：细小的梗塞物，比喻积在心中的不满。❷面责：当面指责。❸尚然：尚且。❹撑持：支撑。❺翳：眼角膜上的障膜。❻风痹：因风邪引起的肢体疼痛或麻木的疾病。

译文

家庭要想和睦，就不要因为说话或礼节上有过失而在心里结下怨恨。如果真有错的地方，何不当面说出来，一定不要藏在心里，以致积下怨恨。天下这么大，人又这么多，像我富有，像我贫穷，像我强大，像我弱小者，何止千千万万。当然，弱者不可嫉妒强者，强者不可欺负弱者，何况是自己的亲人呢。如果有贫弱者，应当心生怜悯，帮助他维持生活；如果有富强者，应该为他感到高兴，庆幸自己家有这样的人来支撑门户。这就如同一个人左眼角膜病变后留下疤痕，右眼光亮，右眼难道欺负左眼，把灰屑投进左眼中吗？又如同一个人右手便利，左手因中风麻痹，左手难道妒忌右手，希望它和自己一样瘫痪吗？

评说

这封家书通俗易懂，中心是说：小家也好，大家也好，人与人之间相处，应和睦团结，互相帮助，而不是互相嫉妒，互相折台。如果对方有错的地方，不妨当面指出来，不要藏在心里，以致积成怨恨，这些话在今天仍有借鉴意义。

清钱慧安绘《和睦人家图》

朱子治家格言

朱用纯

朱用纯(1627～1698)，字致一，自号柏庐，明末清初学者，苏州昆山（今属江苏）人。清初在乡教授学生，坚决不应博学鸿儒科试，终生未仕。潜心研究程朱理学，提倡知行并进。著有《朱子家训》《愧讷集》等著作。

作者简介

清杨鹏秋绘《清代学者像传》（第二集）中的朱用纯画像

原文

lí míng jǐ qǐ，sǎ sǎo tíng chú，yào nèi wài zhěng jié
黎明即起，洒扫庭除❶，要内外整洁；
jì hūn biàn xī，guān suǒ mén hù，bì qīn zì jiǎn diǎn，yì zhōu
既昏便息，关锁门户，必亲自检点❷。一粥
yí fàn，dāng sī lái chù bú yì；bàn sī bàn lǚ，héng niàn wù lì
一饭，当思来处不易；半丝半缕，恒念物力
wéi jiān，yí wèi yǔ ér chóu móu，wú lín kě ér jué jǐng，zì
维艰❸。宜未雨而绸缪❹，毋临渴而掘井❺。自
fèng bì xū jiǎn yuē，yàn kè qiè wù liú lián，qì jù zhì ér jié
奉必须俭约❻，宴客切勿留连❼。器具质而洁，
wǎ fǒu shèng jīn yù；yǐn shí yuē ér jīng，yuán shū yú zhēn xiū
瓦缶胜金玉❽；饮食约而精，园蔬逾珍馐❾。
wù yíng huá wū，wù móu liáng tián。sān gū liù pó，shí yín
勿营华屋，勿谋良田。三姑六婆，实淫
dào zhī méi；bì měi qiè jiāo，fēi guī fáng zhī fú。tóng pú wù yòng
盗之媒❿；婢美妾娇，非闺房之福。童仆勿用

朱柏廬先生治家格言

黎明即起，灑掃庭除，要內外整潔；既昏便息，關鎖門戶，必親自檢點。一粥一飯，當思來處不易；半絲半縷，恆念物力維艱。宜未雨而綢繆，毋臨渴而掘井。自奉必須儉約，宴客切勿留連。器具質而潔，瓦缶勝金玉；飲食約而精，園蔬愈珍饈。勿營華屋，勿謀良田。三姑六婆，實淫盜之媒；婢美妾嬌，非閨房之福。奴僕勿用俊美，妻妾切忌艷粧。祖宗雖遠，祭祀不可不誠；子孫雖愚，經書不可不讀。居身務期質樸，教子要有義方。勿貪意外之財，勿飲過量之酒。與肩挑貿易，毋佔便宜；見貧苦親鄰，須多溫恤。刻薄成家，理無久享；倫常乖舛，立見消亡。兄弟叔姪，須分多潤寡；長幼內外，宜法肅辭嚴。聽婦言，乖骨肉，豈是丈夫；重資財，薄父母，不成人子。嫁女擇佳婿，毋索重聘；娶媳求淑女，毋計厚奩。見富貴而生諂容者，最可恥；遇貧窮而作驕態者，賤莫甚。居家戒爭訟，訟則終凶；處世戒多言，言多必失。毋恃勢力而凌逼孤寡，毋貪口腹而恣殺生禽。乖僻自是，悔誤必多；頹惰自甘，家道難成。狎昵惡少，久必受其累；屈志老成，急則可相依。輕聽發言，安知非人之譖訴，當忍耐三思；因事相爭，焉知非我之不是，須平心暗想。施惠無念，受恩莫忘。凡事當留餘地，得意不宜再往。人有喜慶，不可生妒忌心；人有禍患，不可生喜幸心。善欲人見，不是真善；惡恐人知，便是大惡。見色而起淫心，報在妻女；匿怨而用暗箭，禍延子孫。家門和順，雖饔飧不繼，亦有餘歡；國課早完，即囊橐無餘，自得至樂。讀書志在聖賢，為官心存君國。守分安命，順時聽天。為人若此，庶乎近焉。

甲寅年仲春月上浣淵若汪洵書

清汪洵楷书《朱子治家格言》

俊美，妻妾切忌艳妆。祖宗虽远，祭祀不可
不诚；子孙虽愚，经书不可不读。居身务期
质朴，教子要有义方⑪。莫贪意外之财，勿饮
过量之酒。与肩挑贸易，毋占便宜⑫；见穷
苦亲邻，须加温恤⑬。

刻薄成家，理无久享⑭；伦常乖舛，
立见消亡⑮。兄弟叔侄，须分多润寡⑯；长
幼内外，宜法肃辞严。听妇言，乖骨肉⑰，岂
是丈夫？重资财，薄父母，不成人子。嫁
女择佳婿，毋索重聘⑱；娶媳求淑女，勿计厚
奁⑲。见富贵而生谄容者最可耻⑳；遇贫穷
而作骄态者贱莫甚。

居家戒争讼，讼则终凶；
处世戒多言，言多必失。勿恃势
力而凌逼孤寡㉑，毋贪口腹而恣
杀牲禽㉒。乖僻自是㉓，悔误必

清林皋所篆闲章《富
贵于我如浮云》

duō tuí duò zì gān jiā dào nán chéng xiá nì è shào jiǔ
多；颓惰自甘[24]，家道难成。狎昵恶少[25]，久
bì shòu qí lěi qū zhì lǎo chéng jí zé kě xiāng yī qīng tīng
必受其累；屈志老成[26]，急则可相依。轻听
fā yán ān zhī fēi rén zhī zèn sù dāng rěn nài sān sī yīn shì
发言，安知非人之谮诉，当忍耐三思[27]；因事
xiāng zhēng ān zhī fēi wǒ zhī bú shì xū píng xīn àn xiǎng
相争，安知非我之不是，须平心暗想[28]。

shī huì wú niàn shòu ēn mò wàng fán shì dāng liú yú dì
施惠毋念，受恩莫忘。凡事当留余地，
dé yì bù yí zài wǎng rén yǒu xǐ qìng bù kě shēng dù jì xīn rén
得意不宜再往。人有喜庆不可生妒忌心，人
yǒu huò huàn bù kě shēng xǐ xìng xīn shàn yù rén jiàn bú shì zhēn
有祸患不可生喜幸心[29]。善欲人见，不是真
shàn è kǒng rén zhī biàn shì dà è jiàn sè ér qǐ yín xīn bào
善；恶恐人知，便是大恶。见色而起淫心，报
zài qī nǚ nì yuàn ér yòng àn jiàn huò yán zǐ sūn
在妻女；匿怨而用暗箭[30]，祸延子孙。

jiā mén hé shùn suī yōng sūn bú jì yì yǒu yú huān guó
家门和顺，虽饔飧不继，亦有余欢[31]；国
kè zǎo wán jí náng tuó wú yú zì dé zhì lè dú shū zhì zài
课早完，即囊橐无余，自得至乐[32]。读书志在
shèng xián wéi guān xīn cún jūn guó shǒu fèn ān mìng shùn shí tīng
圣贤，为官心存君国。守分安命，顺时听
tiān wéi rén ruò cǐ shù hū jìn yān
天，为人若此，庶乎近焉[33]。

注释

❶庭除：庭院内外。庭，院子。除，台阶。❷检点：仔细查看。❸恒念：常常想到。物力维艰：财物来之不易。❹未雨而绸缪：下雨之前将门窗修缮好。绸

缪，缠绕，缠缚。这里指修缮，修补。❺临：接近，将近。❻自奉：自己的日常生活用品。❼留连：留恋，乐而忘返，忘乎所以。❽质而洁：质朴又洁净。瓦缶：瓦质容器，俗称瓦罐。❾约而精：简单而精致。逾：胜过。珍馐：珍奇美味的食品。❿三姑六婆：尼姑（出家修行的女佛教徒）、道姑（女道士）、卦姑（专门给人卜卦和算命的妇女）称三姑，牙婆（旧时以撮合人口买卖为业并从中牟利的妇女）、媒婆（旧时以做媒为职业的妇女）、师婆（即神婆，古代的女巫，替人祈福禳灾、画符施咒）、虔婆（妓院的鸨母）、药婆（旧时民间以治病为业的妇女）、稳婆（旧时以接生为业的妇女）称六婆。媒：媒介，牵线人。⓫居身：做人，立身处世。务期：务必。义方：正确的规矩和方法。⓬肩挑：肩挑货物到处销售，指走街串巷的小贩。⓭温恤：温和体恤。⓮刻薄成家：用冷酷无情的手段发家。⓯伦常：伦理纲常，封建时代每个人应遵守的行为准则。乖舛：违背，错乱。⓰分多润寡：从多的里边分出一部分补给少的。⓱乖骨肉：疏远、离间骨肉之情。乖，疏远，离间。⓲重聘：贵重的聘礼。⓳厚奁：丰厚的嫁妆。⓴诏容：逢迎谄媚的姿态。㉑凌逼：欺凌逼迫。孤寡：幼年丧父者为孤，妇人丧夫者为寡。㉒恣杀：恣意滥杀。牲禽：牲畜与家禽。㉓乖僻自是：性格古怪孤僻，自以为是。㉔颓惰自甘：颓废懒惰，心安理得。㉕狎昵：亲近，亲昵。㉖屈志老成：恭谨虚心地与老成持重的人交往。屈志，屈意敬奉。㉗轻听：轻易听信。谮诉：诬陷，中伤别人。㉘平心暗想：平心静气地暗暗反思。㉙喜幸心：幸灾乐祸之心。㉚匿怨：内心隐藏的怨恨。暗箭：暗中射来的箭，比喻猝不及防的暗中伤害。㉛饔飧：早饭和晚饭。㉜囊橐：口袋，大袋叫囊，小袋叫橐。㉝庶乎：接近，差不多。

译文

黎明时就要起床，洒扫庭院，要使内外整齐清洁；天黑后就要休息，注意关锁门窗，必须亲自检查。一碗粥一碗饭，应想到它来之不易；半根丝半缕线，要想到它制造的艰难。要趁天还没有下雨时把门窗修补好，不要等到口渴时才想到挖井。自己的日常供应必须节俭，宴请宾客切莫乐而忘返。器具质朴而洁净，瓦质器具胜过金玉器皿；饮食简单而精致，园中蔬菜胜过山珍海味。

不要营造华美的房屋，不要谋取肥美的田地。三姑六婆，大多是引导淫盗的媒介；女仆漂亮、小妾娇美，并不是家中的福气。奴婢仆人不要使用俊美的，妻妾装束打扮不要过于艳丽。祖宗即使离我们很远，但对他们的祭祀不能不虔诚；子孙即使愚钝，但经书典籍不能不读。立身处世务必诚恳朴实，教育孩子一定遵守规矩方法。不要贪图

朱柏廬先生治家格言

黎明即起，灑掃庭除，要内外整潔；既昏便息，關鎖門戶，必親自檢點。一粥一飯，當思來處不易；半絲半縷，恆念物力維艱。宜未雨而綢繆，毋臨渴而掘井。自奉必須儉約，宴客切勿留連。器具質而潔，瓦缶勝金玉；飲食約而精，園蔬愈珍饈。勿營華屋，勿謀良田。三姑六婆，實淫盜之媒；婢美妾嬌，非閨房之福。僮僕勿用俊美，妻妾切忌艷妝。祖宗雖遠，祭祀不可不誠；子孫雖愚，經書不可不讀。居身務期質樸，教子要有義方。勿貪意外之財，勿飲過量之酒。與肩挑貿易，毋佔便宜；見貧苦親鄰，須加溫恤。刻薄成家，理無久享；倫常乖舛，立見消亡。兄弟叔姪，須分多潤寡；長幼內外，宜法肅辭嚴。聽婦言，乖骨肉，豈是丈夫；重貲財，薄父母，不成人子。嫁女擇佳婿，毋索重聘；娶媳求淑女，勿計厚奩。見富貴而生諂容者，最可恥；遇貧窮而作驕態者，賤莫甚。居家戒爭訟，訟則終凶；處世戒多言，言多必失。毋恃勢力而凌逼孤寡，毋貪口腹而恣殺牲禽。乖僻自是，悔誤必多；頹惰自甘，家道難成。狎昵惡少，久必受其累；屈志老成，急則可相依。輕聽發言，安知非人之譖訴，當忍耐三思；因事相爭，焉知非我之不是，須平心暗想。施惠無念，受恩莫忘。凡事當留餘地，得意不宜再往。人有喜慶，不可生妒忌心；人有禍患，不可生喜幸心。善欲人見，不是真善；惡恐人知，便是大惡。見色而起淫心，報在妻女；匿怨而用暗箭，禍延子孫。家門和順，雖饔飧不繼，亦有餘歡；國課早完，即囊橐無餘，自得至樂。讀書志在聖賢，非徒畐爵祿；為官心存邦國，豈計身家。守分安命，順時聽天。為人若此，庶乎近焉。

辛巳二月　戴震敬書

清戴震楷書《朱子治家格言》

意外之财，不要饮用过量之酒。与肩挑小贩做买卖不要占便宜，看到贫苦亲戚乡邻要多加体恤。

用冷酷无情的手段发家，不可能长久安享；违背伦理纲常，将会很快灭亡。兄弟叔侄之间，富有的应该周济贫穷的；家中男女老少，应该规矩严肃言语威严。听妇人言使骨肉分离，算什么男子汉？重钱财不好好孝敬父母，不成其为人子。嫁女儿选择好女婿，不要索取贵重的聘礼；娶儿媳要求好女子，不要计较有无丰厚的嫁妆。见到有钱有势者就逢迎谄媚，最为可耻；遇到贫苦之人就傲慢无礼，最为下贱。

居家切忌与人争胜打官司，打官司终是凶事；为人处世切忌多说话，多说话必然有失误。不要倚仗权势欺凌逼迫孤寡之人，不要贪图口腹而滥杀牲畜和家禽。性情乖僻，自以为是，懊悔和失误自然会多；颓废懒惰，心安理得，难以成家立业。亲近无赖少年，时间久了必然受其连累；尊敬老成持重之人，危急时可依靠他们。轻易听信别人的话，怎知不是诬陷中伤之言，应耐着性子三思而定；因事和别人争执，怎知不是自己的过错，须平心静气地暗暗反思。

给人好处不要记在心上，受人恩惠不要忘记回报。做事要留有余地，志得意满的地方不宜再去。人有喜事不可生忌妒之心，人遭祸患不可幸灾乐祸。做好事总想让人知道，不是真心做好事；做坏事唯恐别人知道，那是做了大坏事。见美色便起淫邪之心，报应在妻子女儿身上；对人怀恨在心而用暗箭伤人，灾祸会延及子孙。

家庭和睦，即使吃了早饭没晚饭，内心也感到欢乐；国家税粮早早交清，即使口袋余钱不多，心里也感到快乐。读书志在做圣人贤人，做官则常记君王国事。守着本分，安于命运，顺应时势，听天由命，为人若能做到这些，就差不多接近圣贤了。

评说

《朱子治家格言》以"修身""齐家"为宗旨，汇集历代治家教子名言警句，既贯穿清高闲达、与世无争等古代贤哲的生活情趣，也包含勤俭持家、讲求和睦等古人治家的传统思想。三百多年来，一直为官宦士绅及书香世家所津津乐道，被视作整齐门风、振作家声的良规。当然，《朱子治家格言》中也有宣扬因果报应、安分守命的封建思想，应客观看待。

示儿燕

孙枝蔚

孙枝蔚（1620～1687），字豹人，明末三原（今属陕西）人。明亡后只身来到江都（今江苏中部）定居，发愤读书，为清初重要诗人，诗作率真自然。康熙时举博学鸿词，授中书舍人。

原文

初读古书，切莫惜书；惜书之甚，必至高阁❶。便须动圈点为是❷，看坏一本，不妨更买一本。盖惜书是有力之家藏书者所为❸，吾贫人未遑效此也❹。譬如茶杯饭碗，明知是旧窑❺，当珍惜；然贫家止有此器❻，将忍渴忍饥作珍藏计乎？儿当知之。

古代有很多藏书家，唐代李泌家藏书就很多。此图为清吴友如绘《古今人物百图》之《邺侯藏书》，描绘李泌家藏书的情况

——《溉堂集》

175

❶高阁：束之高阁，放在高高的书架上。❷圈点：古时读书人在书上自行标点断句，或圈示重点、点评文字。❸有力之家：有财力人家。❹未遑：未及，没有闲暇。❺旧窑：古窑，这里指年代久远的珍贵古瓷。❻止：同"只"。

开始读古书的时候，对图书不要过于爱惜；对图书过于爱惜，必然会把书束之高阁。要在书上断句标点、圈示点评，看坏一本，不妨再买一本。爱惜图书是有财力藏书家的事，我们贫穷人家来不及效法这样做。就如同茶杯饭碗，明知道它是珍贵的古瓷，应当爱惜；但家里穷得只有这件器物，难道不吃不喝把它珍藏起来吗？你应该懂得这个道理。

本文选自孙枝蔚写给儿子孙燕的家书，指出图书不是用来收藏装点门面的，通过读书，可以获取知识，如果担心把书损坏而束之高阁，就失去了读书的意义。在读书过程中，能对图书加以圈示点评，才能深入理解书中意思，这是古人读书的基础功夫，孙枝蔚正是从这方面教育儿子用功读书的。

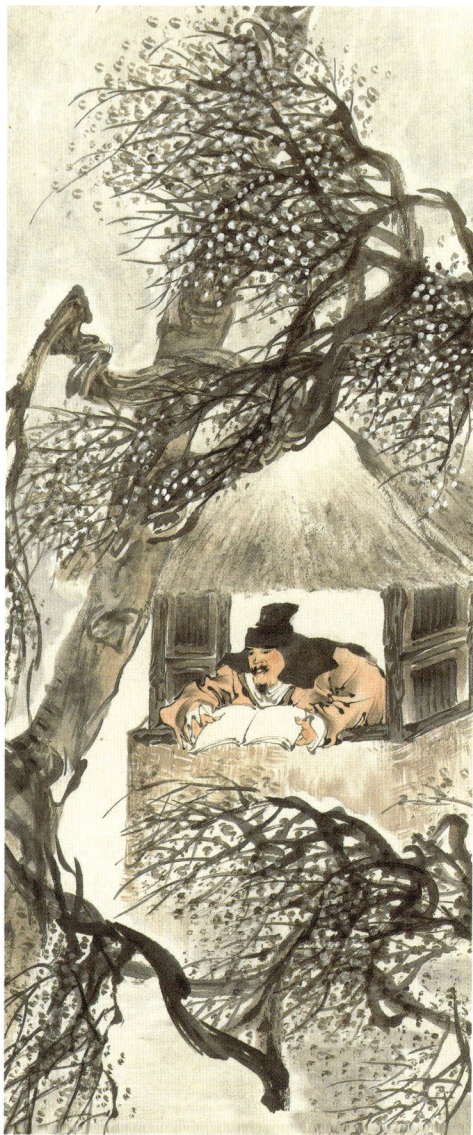

清任伯年绘《映雪读书图》（局部），描绘古人在雪屋读书的场景

再示知让（节录）

zài shì zhī ràng

蒋士铨

蒋士铨（1725～1785），字心馀，号藏园，江西铅山人。乾隆进士。清代文学家、戏曲作家。曾任翰林院编修。作有杂剧、传奇十六种，诗与袁枚、赵翼并称"江右三大家"。戏曲、诗文等大部分作品收入《忠雅堂全集》。

作者简介

清黄小泉绘《清代学者像传》（第一集）中的蒋士铨画像

原文

莫贫于无学❶，莫孤于无友，莫苦于无识，莫贱于无守❷。无学如病瘵❸，枯竭岂能久？无友如堕井，陷溺孰援手❹？无识如盲人，举趾辄有咎❺。无守如市倡❻，舆皂皆可诱❼。学以腴其身❽，友以益其寿❾，识以坦其心❿，守以慎其耦⓫。时命不可

清潘西凤所篆闲章《守道安贫》

知^⑫，四者我宜有。

——《忠雅堂全集》

注释

❶贫：贫乏，不足。❷守：操守。❸病瘵：疾病。❹陷溺：陷于困境。❺举趾：抬脚走路。辄：就。咎：过失。❻倡：同"娼"，娼妓。❼舆皂：轿夫和皂隶，引申为贱役者。❽腴：丰厚，富裕。❾益：增加。❿坦其心：使心胸坦荡。⓫慎其耦：慎重地结交朋友。耦，同"偶"。⓬时命：命运。

译文

贫乏莫过于没有学问，孤独莫过于没有朋友，痛苦莫过于没有见识，卑贱莫过于没有操守。没有学问就像患了疾病，枯瘦干竭，怎么会活得长久？没有朋友就像掉到井里，陷入困境，谁会伸出救援之手？没有见识就像盲人一样，只要走动，就会犯错误。没有操守就像妓女一样，轿夫皂隶，都可以引诱她们。学问可使头脑丰富，朋友可使寿命延长，见识可使心胸开阔，操守可使交友慎重。人的命运难以预见，我们应该具有以上四点。

评说

本文选自蒋士铨写给儿子的家书，从正反两方面强调学问、朋友、见识和操守对人生的重要性，要求儿子在这四方面加强自我修养，做有学问、有益友、有见识、有操守的人，成为有守有为的正直知识分子。

明薛益绘《读书乐图》

与伯昂从侄孙

姚 鼐

姚鼐（1732～1815），字姬传，又字梦谷，室名惜抱轩。安徽桐城人。清代散文家。乾隆进士，官刑部郎中，记名御史。主持江宁、扬州等地书院近四十年。治学以经为主，兼及子史、诗文。为"桐城派"主要作家。

作者简介

清叶衍兰绘姚鼐画像

原文

来书云：欲于古人诗中寻究有得❶，然后作诗，此意极是。近人每云：作诗不可摹拟❷。此似高而实欺人之言也。学诗文不摹拟，何由得入？须专摹拟一家已得以后，再易一家。如是数番之后，自能熔铸古人❸，自成一体。若初学未能逼似❹，先求脱化❺，

清《学山堂印谱》所辑闲章《读书不多胆不大，造理不精心不虚》

bì quán wú chéng jiù   pì rú xué zì   ér bù lín tiè kě hū❻

必全无成就。譬如学字，而不临帖可乎❻？

——《惜抱轩集》

注释

❶寻究：探究。❷摹拟：模仿，效法。❸熔铸：熔化吸收，融会贯通。❹逼似：极为相似。逼，迫近，接近。❺脱化：抛开，脱离。❻临帖：临摹字帖。

译文

你来信说：想从学习古人诗中探寻写作技巧，然后作诗，这个想法很好。近来有人常说：作诗不可以模仿别人。这话听起来好像很高明，实际上是欺人之谈。学诗作文不模仿前人，怎能入门？必须专心模仿一家，等到学有所得，再换一家。这样连续模仿几家以后，就能融会贯通古人所长，形成自己独特风格。如果开始学得很不像，就想抛开不学，必然一事无成。就像学习写字一样，不临摹字帖，怎能写得好呢？

清钱慧安绘《桂花香里读书声》

评说

在这封信中，姚鼐认为写诗作文先要模仿，就像学习写字先要临摹字帖一样，这话对初学者来说很有道理。他要求侄孙写诗先模仿一家，有所收获后再模仿另一家，吸收众家之长，融会贯通，逐渐形成自己的风格，这也是我们今天写作需要借鉴的方法。

180

己亥杂诗（选三）

jǐ hài zá shī

龚自珍

作者简介

龚自珍（1792～1841），字璱人，号定盦，浙江仁和（今杭州）人。清末思想家、文学家。道光进士，官礼部主事。学务博览，为嘉庆、道光年间提倡"通经致用"的今文学派重要人物。主张道、学、治三者不可分割，开知识界"慷慨论天下事"之风，对后来思想界有相当影响。

原文

艰危门户要人持❶，孝出贫家谚有之❷。葆尔心光淳闷在❸，皇天竺胙总无私❹。

虽然大器晚年成，卓荦全凭弱冠争❺。多识前言蓄其德❻，莫抛心力贸才名❼。

俭腹高谈我用忧❽，肯肩朴学胜封侯❾。五经烂熟家常饭❿，莫似而翁歠九流⓫。

清陈芷洲所篆闲章《大器晚成》

——《龚自珍全集》

181

❶持：支撑。❷谚：谚语，俗语。❸葆：珍贵。心光：心地。淳闳：淳朴宽厚。❹昊天：对天的尊称。竺祜：丰厚的福佑。❺卓荦：卓越出众。弱冠：二十岁体犹未壮，故曰弱；古代男子二十岁行冠礼，以示成人，故曰冠。后人用"弱冠"称二十岁左右的男子。❻识：记住。❼贸：交换，买或卖。❽俭腹：腹中空空，比喻知识贫乏。用：介词，表示原因。❾朴学：本谓质朴之学。汉时泛称经学为朴学。清代学者对古籍文字音义及典章名物制度进行考证，他们继承汉儒实事求是的学风，反对宋儒的空疏，因此清代考据之学亦称"朴学"。❿五经：儒家的五部经典，即《易》《书》《诗》《礼》《春秋》。⓫歠：饮，吃。九流：儒家、道家、阴阳家、法家、名家、墨家、纵横家、杂家、农家。泛指学术中各种流派或社会上各种行业。

译文

艰难危困的门户需要有人支撑，俗话所说"家贫出孝子"就是这个道理。只要你永远保持心地淳朴宽厚，上天就会大公无私地给你福报。

古人虽说有大成就的人往往成才较晚，而有杰出才能的人，全凭二十岁左右的青年时代去努力争取。要记住我前面说的道理，积累才识品德，不要把大好时光和精力浪费在追求虚名上。

我担心你腹中空空学识贫乏，却爱夸夸其谈，如果能继承"朴学"的务实传统，就胜于封侯。希望你能把《五经》学得精熟，当作家常便饭，不要像你父亲一样，各个流派的学问都吸收采纳。

评说

《己亥杂诗》是自传式的大型组诗，本文选其三首。第一首告诫儿子要敦品励学，支撑门户，心地淳朴宽厚必得上天福佑。第二首告诫儿子大器晚成并非可以坐等，而要靠青年时代的积累。第三首告诫儿子不要学问少而喜高谈阔论，《五经》不熟而旁及九流异说。这些主张至今仍有积极意义。

清龚自珍草书七言联

读书吟示儿耆 <small>dú shū yín shì ér qí</small>（选二）

魏源

魏源（1794～1857），字默深，湖南邵阳人。清末思想家、史学家、文学家。道光进士，官至高邮知州。与龚自珍同属"通经致用"的今文学派。痛愤时事，著《圣武记》。受林则徐嘱托，编成《海国图志》。主张向西方学习，"师夷长技以制夷"，对后来思想界有相当影响。诗文风格遒劲。

作者简介

清叶衍兰绘魏源画像

原文

君不见，猩猩嗜酒知害身❶，且骂且尝不能忍。飞蛾爱灯非恶灯，奋翼扑明甘自陨❷。不为形役为名役❸，臧谷亡羊复何益❹！月攘一鸡待来年❺，年复一年头雪白。得掷且掷即今日，人生百岁驹过隙❻。试问巫峡连营七百里❼，何如蔡州雪夜三千卒❽。

君不见，华时少❾，实时多，花实时少叶时多，由来草木重干柯❿。秋花不及春花艳，

183

chūn huā bù jǐ qiū huā jiàn
春花不及秋花健[11]。何况再实之木花不繁，唐
kāi zhī huā chūn bì juàn
开之花春必倦[12]。人言松柏黛参天[13]，谁知铁
gēn shuāng gàn pán jiǔ quán
根 霜 干蟠九泉[14]。

—— 《魏源集》

注释

❶猩猩嗜酒：典出明刘元卿《贤奕编·警喻》，讲述猩猩因为贪酒被捉的故事。告诫读者贪则智昏，不计后果；贪则心狂，胆大妄为；贪则难分祸福。❷"飞蛾"句：诠解"飞蛾扑火"成语。比喻不自量力，自取灭亡。或比喻追求光明。此诗似用称赞之意。❸形役：语出陶渊明《归去来辞》，为形骸所拘束、役使，比喻被功名利禄所牵制、支配。❹臧谷亡羊：典出《庄子·骈拇》，记载臧、谷二人牧羊，臧挟策读书，谷博塞（下棋）以游，皆亡其羊。告诫读者做事如果不专心，不管做什么，都会造成不良后果。❺月攘一鸡：典出《孟子·滕文公下》，讽刺那些明知自己不对，却没有决心改正的人。❻过隙：即白驹过隙，语出《庄子·知北游》，形容时间过得飞快。❼巫峡连营七百里：三国时，刘备伐吴，在彝陵布下营寨七百里，结果被陆逊火烧击败。❽蔡州雪夜：唐代李愬雪夜袭击蔡州，生擒吴元济，平定淮西。❾华：同"花"，开花。❿干柯：枝干。⓫健：健硕，健壮。⓬唐开之花：温室里养的花。⓭黛：青黑色。⓮蟠九泉：形容根扎得很深。蟠，蟠曲。九泉，很深的地下。

清绣像本《三国演义》插图《陆逊营烧七百里》，讲述刘备伐吴，在彝陵布下营寨七百里，结果被陆逊火攻击败的故事

你不见，猩猩明知嗜酒伤身，但还是一边骂一边尝而不能忍耐。飞蛾喜欢灯火而不厌恶灯火，鼓起羽翼扑向火中，心甘情愿去死。人不是受形体的驱使，就是受名利的诱惑，就如同臧、谷亡羊，做事不专心有何益处！每天偷一只鸡改为每月偷一只，直到来年再停止，年复一年头发已经花白。该摒弃的今天就摒弃，人生百岁如白驹过隙。试问刘备在巫峡安营扎寨七百里，哪里比得上李愬率领三千士卒雪夜袭击蔡州高明呢？

你不见，开花的时间少，结果的时间多，开花结果的时间少，长叶的时间多，自古以来，草木枝干长存最重要。秋天的花不如春天的花艳丽，春天的花不如秋天的花健壮。何况多次结果的树木花开得不茂盛，温室里的花春天必然凋谢。人们都说只有松柏总是一片青翠，谁知它傲霜斗寒的枝干原来有铁一样的树根盘曲在地层深处。

《读书吟示儿者》共五首，这里选录其中的第三和第五首，前一首以猩猩嗜酒、飞蛾扑火、人为行役、月攘一鸡等形象的比喻，说明知错不改，因循度日，结果只会错下去，空白少年头。后一首以草木开花、结实、长叶和枝干相比，说明凡事都有主次，不能追求快速成才，而要打下坚实基础，如青松翠柏，因根扎得深，才能长成经霜不凋的参天大树。

清梁延年辑《圣谕像解》插图《勘定乱略》，讲述李愬平定吴元济叛乱后，见到推荐他的宰相裴度时，以军礼相见的故事

图书在版编目（CIP）数据

历代家训 / 石延博编著. -- 北京：天天出版社,2023.8（2023.9 重印）
（国学里的中国）
ISBN 978-7-5016-2096-8

Ⅰ.①历… Ⅱ.①石… Ⅲ.①家庭道德－中国－古代－少儿读物
Ⅳ.①B823.1-49

中国国家版本馆CIP数据核字(2023)第097553号

责任编辑：罗曦婷　　　　　　　　　美术编辑：曲　蒙
责任印制：康远超　张　璞

出版发行：天天出版社有限责任公司
地址：北京市东城区东中街 42 号　　　　邮编：100027
市场部：010-64169902　　　　　　　传真：010-64169902
网址：http://www.tiantianpublishing.com
邮箱：tiantiancbs@163.com

印刷：河北环京美印刷有限公司　　　经销：全国新华书店等
开本：710×1000　1/16　　　　　　印张：12
版次：2023 年 8 月北京第 1 版　　印次：2023 年 9 月第 2 次印刷
字数：120 千字

书号：978-7-5016-2096-8　　　　　　定价：39.00 元